联合发布

U0772886

中国现代竹建筑

刘可为　许清风　王　戈　陈复明　冷予冰　编著

中国建筑工业出版社

节节高（摄影：顾尚全）

刘可为

国际组织官员。1981年出生，四川彭州人。2007年毕业于北京交通大学结构工程专业，获工学硕士学位，现任国际竹藤组织全球竹建筑项目协调员。长期从事竹建筑国际项目合作，与全球20多个国家的公共和私营部门展开过合作。参与创建并担任全球首个竹建筑工作组（INBAR Construction Task Force）经理，召集了近30位来自全球18个国家的竹建筑专家。担任国际标准化组织木结构技术委员会竹结构工作组（ISO/TC165 WG12）召集人，负责5项竹结构国际标准的开发和制修订工作。参编中国技术标准共6项，发表学术论文10多篇，主编学术会议论文集1部，译著1部。担任中国城市科学研究会和中国林产工业协会牵头的"木竹建筑工作委员会"的专家委员和中国城市科学研究会可持续土木工程研究专业委员会的委员。

许清风

教授级高级工程师，上海市优秀技术带头人，国家一级注册结构工程师、注册咨询工程师。1973年出生，江苏东台人。2001年毕业于东南大学结构工程专业，获工学博士学位，现任上海市建筑科学研究院副总工程师，兼任上海市工程结构安全重点实验室学术带头人。长期从事木竹结构设计建造、性能提升和维修加固等方面的研究和技术服务工作。发表学术论文150余篇，其中SCI/EI收录50余篇；主编技术标准6部，参编12部；授权国家发明专利10项；获上海市科技进步二等奖4项、三等奖2项，华夏建筑科学技术一等奖1项、二等奖1项、三等奖1项。

王戈

研究员，博士生导师，"新世纪百千万人才工程"省部级人选，国家"十三五"重点研发计划项目负责人。1965年出生，黑龙江哈尔滨人。1988年本科毕业于东北林业大学木材加工专业，2003年毕业于中国林业科学研究院木材科学与技术专业，获工学博士学位，现工作于国际竹藤中心生物质新材料研究所，任竹纤维复合材料研究组组长。长期从事竹木复合材料加工技术研究与产品开发工作。主持完成竹木结构材和竹纤维基复合材料相关的国家科技支撑计划、林业公益性行业重大专项、国家自然科学基金以及林业科技推广等项目30余项，主持完成国家及行业标准10项。发表论文140余篇，其中SCI/EI收录50余篇；主编专著1部，参编著作3部；获得省部级科技鉴定和认定成果9项、授权国家专利20项；获国家科学技术进步一等奖1项，梁希林业科学技术奖一等奖2项、二等奖2项，美国木材科学与技术协会奖2项。

陈复明

国际竹藤中心副研究员，瑞士联邦理工大学（ETH）访问学者，国家重点研究计划项目秘书。1985年出生，安徽天长人。2014年，毕业于中国林业科学研究院竹基复合材料科学与工程专业，获工学博士学位，师从江泽慧教授。从事新型竹纤维复合材料研发及其在装配式建筑中的推广应用。主持和参加国家重点研发计划课题任务、国家自然基金面上项目、林业科技成果国家级推广项目等国家级和省部级项目6项；发表论文30余篇，其中SCI/EI收录20篇；参编外文专著2部、中文专著1部；授权国家发明和实用新型专利10余项；完成国家林业和草原局科技成果认定1项、中国林学会科技成果评估1项；获得梁希林业科学技术奖一等奖1项，梁希青年论文奖三等奖1项。

冷予冰

工程师。1988年出生，安徽黄山人。2017年毕业于上海交通大学结构工程专业，获工学博士学位，现任上海市建筑科学研究院科研项目主研，主要从事木竹结构设计建造和耐久性领域的研究和技术服务工作。发表学术论文20余篇，其中SCI/EI收录12篇；参编技术标准6部；申请/授权国家发明专利15项。获"上海市青年科技启明星"称号。

Ali Mchumo
国际竹藤组织（INBAR）总干事

　　竹子是世界上生长速度最快的植物，竹材作为一种传统的建筑材料已有上千年的历史。例如，在埃塞俄比亚南部的Sidama地区，绝大多数的当地农民至今仍生活在传统的Sidama竹屋里，而这种形式的竹屋占到埃塞俄比亚住房总量的1%。竹子轻质高强，在拉美常常被建筑师们称为"植物钢筋"，具有良好的抗震性能。2016年，厄瓜多尔里氏7.8级地震后，INBAR组织专家针对当地建筑进行了震后评估，发现地震对当地的竹结构建筑几乎没有影响。随着现代建筑技术的发展，竹子在现代工程建设中的应用也逐渐增多，从小型民居到大中型的公共建筑，以及大型的室外景观工程，甚至涉及城市基础设施。2000年，德国汉诺威世博会的哥伦比亚馆第一次让西方世界认识到了竹材的潜质。2004年，西班牙马德里巴拉哈斯机场采用了23万m²高防火性能竹天花板，开启了竹子在室内装饰应用的新篇章。同时，在印度尼西亚巴厘岛，"绿色学校"完美地将竹子这种天然材料与年轻一代的教育相结合，并在5年后又使用竹材建造了一个更大的绿色村庄。如今，整个欧洲都在使用竹材作为室内装饰材料，包括已故建筑师Zahad Hadid设计的米兰城市生活购物中心。

　　在全球竹建筑发展的大背景下，拥有全世界最大竹林面积的中国在推动竹建材和竹建筑的发展上作出了重要贡献。中国每年生产大量的竹建筑材料，并且出口到许多国家。有数据统计，中国竹地板年出口贸易额占全球出口贸易总额的90%以上。近10年来，中国在许多公共建筑和城市环境中开始大量使用竹材，例如作为美术馆、剧院、酒店、餐厅，以及高级办公楼等场所的室内和室外装饰材料，以及用来修建一些小型公共交通设施，甚至雄安新区新建市民服务中心的全部室外地板都采用了高耐久性竹材。此外，竹材作为结构材的尝试也在一些小体量的建筑中开始展开，比如1~3层的竹结构别墅和公共活动空间，其90%以上的结构构件都采用竹材。

除了以上几个方面，中国还把竹建筑用在了可持续的乡村建设中。2016年开幕的首届国际竹建筑双年展建成了18座特色竹建筑，使得一个偏僻但拥有丰富竹资源的小乡村变成了一个以竹建筑为特色的文化旅游小镇，极大地提高了当地人的收入水平，仅当地一个小型旅馆，年收入就超过百万。并且，越来越多的年轻人愿意从大城市回到家乡就业和创业，为未来乡村的发展带来了活力，提供了一条可持续化的探索路径。

此外，在本书的撰写和出版过程中，我代表国际竹藤组织特别感谢上海市建筑科学研究院（集团）有限公司、国际竹藤中心和中国建筑工业出版社所给予的支持，希望大家能够从这本书中获得有用的信息并受到启发，在各个国家继续探索竹建筑发展的潜力。

2019年4月

许溶烈
瑞典皇家工程科学院院士
住房城乡建设部原总工程师

　　国际竹藤组织（INBAR）组织相关专家学者，集全球竹建筑资讯和实践，根据中国实际情况和经验撰写的《中国现代竹建筑》一书，内容相当充盈丰富。总结起来有两大类建筑：第一类属于"高、大、上"集聚人群使用的公共建筑；第二类是社会大众所需的公共设施，如桥梁、车站等，以及有更多需求的乡间、山野民宅建设。第一类建筑主要反映了近年来中国在竹建筑研发和建造方面的技术进步和实践经验，重在彰显建筑艺术造型的创意和满足独特需求的功能，如李道德大师在四川甘孜牛背山开展的青年旅社改造项目，其利用当地生产的竹材，设计建造了一个"背靠大山，呼应云海"的敞开式大屋顶，使整个建筑与周围环境融为一体，十分宏伟壮观。另外值得一提的是北京世界园艺博览会的国际竹藤组织园，由意大利建筑师Mauricio Cardenas Laverde与中国建筑师王雪松和王朝霞等联合设计。该园占地面积3100m²，其中展馆面积约1200m²，以"创意竹藤五洲风景"为主题，将整个竹藤展馆和周围空间融为一体，形成了一个用竹子支撑起来的竹林绿色大花园，身历其境满目绿色，令人颇有心旷神怡之感，此乃十分成功的建筑创作实践。崔愷院士主持设计的江苏昆山西浜村昆曲学社改造项目在保持原有民宅院落格局和风貌的基础上，通过竹材的巧妙使用，使竹子张力之美、排列韵律之美与昆曲表演之美相得益彰，匠心之作也！关于后一类建筑，则是量大面广，与社会大众安居乐业密切相关的民生建设。

　　竹结构建筑在全球许多地区已经有了不少的实践和经验，中国在这方面所取得的进步和经验是值得称道和肯定的。当前需要谋划和攻克的主要课题：一是竹建筑材料基本性能、试验方法的确定，以及竹建材适用试验设备的研发；二是需要建立并逐步完善竹结构建筑的标准规范体系。

　　竹子是个宝，用途多又广，竹子与人们的"衣、食、住、行"有着十分密切的关系，只有全面发展竹产业才能充分发挥竹子应用的效能和潜力。竹材工艺品或与其他器皿、其他物具、物件相互结合制作的工艺品都是令人爱不释手的"至宝"实用品和"至宝"工艺品。竹文化更是中华文化源远流长的一部分。中华文化称"梅、兰、竹、菊"为四"君子"也，有关竹子的诗词歌赋、散文小说在中国历史长河中更是不胜枚举。中国竹产业发展领域很广、底蕴很深、潜力很大，是大有可为的事业。但同时振兴和发展竹产业又是任重而道远的艰巨事业，必须"抱团取暖"，产、学、研各界优势互补，联合协调攻关，才能事半功倍、易于奏效。竹材利用、竹技开发、竹艺创作、竹文化的推陈出新，以及竹的种植、改良和培养研发催生新品种，应该是发展竹产业的主要脉络和要素。

　　本人出生于中国江南水乡绍兴，自幼对竹子情有独钟，家里竹子打造的用具比比皆是，从桌椅床铺到中国南方常用的厨房炊具，以及晾晒、洗涤衣物的竹竿器皿等用具，须臾离不开竹子。"舌尖上的中国"中四季生长不同品种的竹笋（春笋、鞭笋和冬笋）乃是极具中国特色的美味佳肴，也是其他多种菜肴中重要辅料之一，同样也是我百食不厌的佐餐佳肴。

　　本人应作者的邀请为本书作序，深感荣幸，这是一部内容十分丰富、意义十分深远的中国竹建筑书籍，书中的许多案例、资料经验和创意均有诸多独到之处。此书的出版对推动和传播竹建筑将会起到积极有益的指导作用！本人读后亦受益匪浅，有感于此特为之序！

2019年4月

王元丰
中国城市科学研究会可持续土木工程研究专业委员会理事长
北京交通大学教授

　　建筑是人们生活和工作的场所，对国民经济和社会发展有着非常重要的影响。但是，建筑在建设和运营过程中消耗了大量的能源和资源，并产生了环境污染。联合国政府间气候变化专门委员会（IPCC）和国际能源署（IEA）的研究显示：建筑能耗占全球最终能耗的三分之一，占能源有关温室气体排放量的五分之一左右。建筑与工业、交通是温室气体三大主要排放来源，是导致全球气候变化问题的主要原因。建筑业也是资源消耗大户，消耗了全球一半的水资源和过半的非燃料用木材。另外，对于多地非常严重的空气污染，建筑业也负有很大的责任，有研究指出：全球23%的空气污染、40%的水污染、40%的固体废弃物污染都来自于建筑业。

　　此外，随着城镇化进程的推进和人们生活水平的提高，建筑引发的资源消耗和环境污染将进一步加剧。联合国《世界都市化展望》报告预计：到2045年，全球城市人口将达60亿以上，建筑面积也将大量增加，建筑能耗和温室气体排放将会随之增加，其所消耗的资源也会进一步扩大。很多专家提醒，建筑业按当前模式发展，将面临严峻的挑战：用于混凝土的砂石等资源已经濒临枯竭，而排放的温室气体和污染物将成倍增加。

　　因此，建筑业对世界可持续发展和应对气候变化具有重要影响。世界著名杂志《经济学人（The Economist）》2019年第1期在'领导者"和"国际"栏目分别发表专门文章，呼吁世界各国重视建筑业可持续发展问题，要改变建筑材料以混凝土和钢材为主的模式，应更多地利用可再生木材和竹材建造房屋。

　　经济的高速发展使中国成为世界上最大的能源、资源消耗和温室气体排放国。中国拥有世界最大的工程建设市场，世界上每年近一半的新建建筑在中国。但同时，中国的建筑业消耗巨量的资源，使中国的建筑行业正在经历砂石、水泥等建筑材料价格高涨的挑战。

中国水泥产量和消费量均居世界第一位。世界著名企业家和慈善家比尔·盖茨曾指出：中国三年的水泥消耗量超过美国在整个二十世纪的水泥消耗量。如此巨大的资源消耗，已经使中国建筑业的资源供给能力受到严峻挑战。2018年，为了控制河砂开采带来的生态环境危害，中国政府有关部门开展了河湖采砂整治专项行动，对开采河砂严格限制，导致其供应严重短缺，价格急速上涨，部分地区砂石价格涨幅近100倍，很多地方工程建设难以为继。

因此，有关专家呼吁中国要改变建筑用材和结构形式，改变绝大多数建筑是用钢筋混凝土建造的局面，要更多地使用竹材或木材这样符合可持续发展要求的传统建筑材料。但是，受到资源和产业发育不完善的约束，目前，与一些欧美国家相比，中国竹木结构在建筑工程领域的应用还十分有限，规模化、产业化生产有很大提升空间。因此，应基于可持续发展的要求，从技术、经济、社会和环境层面开展竹木材料在建筑工程领域的研究，并推动其规模化应用，这对中国建筑业高质量发展，对中国乃至世界应对气候变化和可持续发展挑战具有重要意义。

在上述大背景下，国际竹藤组织（INBAR）组织专家编写《中国现代竹建筑》一书非常有意义。这本书系统阐释了中国竹建筑发展的总体情况，分析了中国竹建筑产业所面临的机遇和挑战，给出了一些典型应用案例，并对中国未来竹建筑行业发展提出了一些建议，对于推动中国竹建筑发展将会起到积极指导作用，特别推荐，希望有更多读者能够阅读。

2019年4月

中国具有全世界最大的人口基数，需要大量的建筑为人们的工作和生活提供必要的支持。然而，大规模的城市建设造就了大量的钢筋混凝土建筑和钢结构建筑，使得中国在碳排放、能源和环境等方面的压力越来越大，其可持续发展面临着巨大的挑战。近年来，人们开始探寻更环保的建筑材料和建筑方式，天然建筑材料的使用也越来越受到城市规划者和建设者的青睐。然而，由于中国森林资源匮乏，且环保的木结构建筑建造需要从别的国家大量进口木材，于是竹子这种天然的本土材料又重新回到了人们的视线里。中国不但具有世界上最丰富的竹林资源，而且具有根深蒂固的竹文化传统。如何合理利用这种天然的材料，让竹建筑在可持续城市和乡村建设中发挥其独特的作用便成为一个新的探索方向。

本书将在全球竹建筑发展的大背景下，从竹资源和建筑用竹种分布情况，建筑用竹材种类及特点，不同形式竹建筑的发展历程和研究现状，标准体系和政策法规，相关国际组织、科研机构和生产加工企业，以及典型（商业）案例等六个方面入手，系统阐释中国竹建筑发展的总体情况，分析中国现代竹建筑产业所面临的机遇和挑战，并对中国未来竹建筑行业的发展趋势提出指导意见。

本书第1章梳理了主要建筑用竹种类和资源分布情况。第2章围绕目前在市场上应用较多的建筑用圆竹和工程竹材，按照其功能的不同，分别从结构材料、围护材料和装饰材料、其他功能材料三个方面进行介绍。包括这些竹质材料的力学性能测试方法和力学性能指标，以及长期性能、耐久性能和防火性能的研究现状。同时，简单介绍了竹材在其他建筑工程中的应用和研究现状，包括竹脚手架、竹筋混凝土结构、竹筋砌体结构、竹筋在土体加固工程中的应用、竹材在既有结构加固中的应用等。第3章分别介绍了圆竹结构建筑和工程竹结构建筑的发展历程和研究现状，并对两种形式竹建筑的发展进行了总结。第4章系统梳理了竹结构相关的国际标准，以及中国现行国家标准、行业标准、地方标准、协会标准等的发展情况，并提供了中国目前颁布的有利于竹建筑产业发展的政策法规条文供读者参考。第5章简要介绍了目前中国主要从事竹建筑相关研究、应用和推广工作的国际组织、科研机构和生产加工企业。第6章，从建筑用装饰材、建筑用结构材、景观、乡村建设、交通设施，以及输水管道和城市综合管廊等六个方面入手，选取了近五六年以来的50多个典型（商业）案例进行介绍，希望读者能从这些最鲜活的案例中受到启发，感受中国现代竹建筑的魅力。第7章，作者利用SWOT法从竞争优势、竞争劣势、机会和威胁四方面分析了中国现代竹建筑产业面临的机遇和挑战，并提出了相应的应对策略和方法。

值得一提的是，为了让读者充分了解竹材在工程应用中的潜力，本书除了围绕竹材在建筑中的用途以外，作者还在各章节中穿插介绍了竹材在交通设施（桥梁、高速公路景观护栏和车站）、景观、输水管道和城市综合管廊等建设中的用途。

由于时间仓促，在信息收集过程中难免有遗漏的科研机构和生产加工企业，希望大家能与我们联系，在后续的修订版中进行补充和完善。此外，本书力求客观描述所涉及科研机构从事竹建筑研究的相关情况，以及生产加工企业所参与的商业案例，不带任何宣传目的，请大家在阅读时仅作参考。

目　录
CONTENTS

图片来源：INBAR

1

第1章
竹资源和建筑用竹
种分布情况

竹海欢歌

（摄影：姜良臣）

竹子是世界上最主要的非木质林产品，主要分布在N46°至S47°之间的热带、亚热带和温带地区。据联合国粮食及农业组织（FAO）统计数据（2010年），全世界竹林面积共计3150万公顷[1-1]，亚洲－太平洋地区（亚太地区）占55.3%，美洲地区占33.2%，非洲地区占11.5%。自20世纪90年代以来，全世界森林面积持续减少，而竹林面积却以每年3%的速度递增[1-2]，这对于亚非拉地区发展相关的竹产业经济具有十分积极的意义。中国是全世界竹资源最丰富的国家，根据第8次中国全国森林资源清查（2009—2013年）数据，中国竹林面积总计601万公顷[1-3]，占全世界竹林总面积的19%。除新疆、内蒙古、黑龙江和吉林等北方省区无竹子分布外，其他省市区都有竹子生长，主要集中在浙江、江西、安徽、湖南、湖北、福建、广东、广西、贵州、四川、重庆和云南等省、市和自治区。而长江以南地区的江西、福建、湖南和浙江等4省最多，主要出产毛竹，约占全国竹林总面积的60.7%。

在竹资源分布较多的国家和地区，竹子作为一种传统的建筑材料已有上千年的历史。虽然全世界的竹类植物达到1642种[1-4]，但并非所有的种类都适用于建筑，据资料统计，其中有大约60多个竹种适合直接作为建筑用材[1-5]。根据国际竹藤组织（International Bamboo and Rattan Organization, INBAR）所掌握的全球不同国家竹建筑发展的基本状况，并结合所收集到的有关不同圆竹种类物理力学性能的研究数据，总结并列举了亚太地区、美洲地区和非洲地区最常见的建筑用竹种及其主要分布国家（表1-1），包括亚太地区18种、美洲地区3种、非洲地区2种，共计23种。

全球最常见建筑用竹种及其主要分布国家[1-4]～[1-10]　　　　表1-1

地区	序号	竹种	主要分布国家[1-4]
亚太地区	1	*Bambusa balcooa*	孟加拉国、印度、尼泊尔、老挝、缅甸和越南
	2	*Bambusa bambos*	孟加拉国、印度、斯里兰卡、缅甸、老挝、马来西亚、泰国和越南
	3	*Bambusa nutans*	孟加拉国、印度、尼泊尔、老挝、泰国和越南
	4	*Bambusa pallida*	中国、孟加拉国、印度、老挝、缅甸、泰国、越南和马来西亚
	5	*Bambusa pervariabilis*（撑篙竹）	中国
	6	*Bambusa polymorpha*	中国、孟加拉国、老挝、缅甸和泰国

地区	序号	竹种	主要分布国家[1-4]
亚太地区	7	*Bambusa tulda*	中国、孟加拉国、印度、尼泊尔、老挝、缅甸、泰国和越南
	8	*Bambusa Vulgaris*	中国、印度、柬埔寨、老挝、缅甸、泰国和越南
	9	*Dendrocalamus asper*	中国、孟加拉国、老挝、缅甸、泰国、越南、印度尼西亚和菲律宾
	10	*Dendrocalamus giganteus*（巨龙竹）	中国、印度、老挝和缅甸
	11	*Dendrocalamus hamiltonii*	中国、孟加拉国、印度、尼泊尔、老挝、缅甸、泰国和越南
	12	*Dendrocalamus strictus*	印度、尼泊尔、巴基斯坦、老挝、缅甸、泰国和越南
	13	*Melocanna baccifera*	孟加拉国、印度、尼泊尔和缅甸
	14	*Gigantochloa apus*	中国、孟加拉国、老挝、缅甸、泰国、印度尼西亚和马来西亚
	15	*Gigantochloa atroviolacea*	印度尼西亚
	16	*Gigantochloa atter*	老挝、越南、印度尼西亚和菲律宾
	17	*Gigantochloa macrostachya*	孟加拉国和缅甸
	18	*Phyllostachys edulis*（毛竹）	中国
美洲	19	*Guadua angustifolia*（瓜多竹）	委内瑞拉、哥伦比亚、厄瓜多尔和秘鲁
	20	*Guadua aculeata*	墨西哥、哥斯达黎加、萨尔瓦多、危地马拉、洪都拉斯、尼加拉瓜和巴拿马
	21	*Guadua amplexifolia*	墨西哥、哥斯达黎加、萨尔瓦多、洪都拉斯、尼加拉瓜、巴拿马、委内瑞拉和哥伦比亚
非洲	22	*Oldeania alpina*（高地竹）	布隆迪、喀麦隆、刚果、卢旺达、赞比亚、埃塞俄比亚、苏丹、肯尼亚、坦桑尼亚、乌干达和马拉维
	23	*Oxytenanthera abyssinica*（低地竹）	埃塞俄比亚、贝宁、布基纳法索、冈比亚、几内亚比绍共和国、科特迪瓦、马里、尼日利亚、塞内加尔、塞拉利昂、多哥、布隆迪、中非、喀麦隆、刚果、赤道几内亚、几内亚、乍得、厄立特里亚、苏丹、肯尼亚、坦桑尼亚、乌干达、安哥拉、马拉维、莫桑比克、赞比亚和津巴布韦

　　显而易见，亚太地区的建筑用竹种类最为丰富：（1）中国、印度、孟加拉国、缅甸、泰国、越南和老挝等国家均拥有10个或10个以上的建筑用竹品种；（2）在所有建筑用竹种中，仅毛竹（*Phyllostachys edulis*）一个品种的资源就高达443万公顷[1-3]，主要分布在中国；（3）表1-1中的11个竹种（第1~4、第7~13）直接被印度农业部下属机构National Agro-Forestry & Bamboo Mission（NABM）推荐作为该国的建筑用竹种[1-6]，而*Bambusa bambos*和

Dendrocalamus hamiltonii 也是泰国皇家林业局（The Royal Forest Department of Thailand，RFD）所认定的两种适合用于建筑的竹种[1-7]；（4）在中国香港地区，毛竹和撑篙竹（*Bambusa pervariabilis*）是竹脚手架的主要材料[1-8]；（5）*Dendrocalamus asper*（印尼语：Petung）和 *Gigantochloa apus*（印尼语：Tali）是著名的印度尼西亚绿色学校（Green School）的主要建材；（6）*Dendrocalamus strictus*（越南语：Tam Vong bamboo）常常出现在著名越南籍建筑师武重义（Vo Trong Nghia）的作品中。此外，在中国，除了表1-1中所列举的常见建筑用竹种外，慈竹（*Dendrocalamus affinis*）、麻竹（*Bambusa oldhamii*）和单竹（*Bambusa cerosissima*）等竹种的物理力学性能也符合建筑需求[1-11]。

相对于亚太地区来说，美洲地区和非洲地区的建筑用竹种类相对集中：（1）在美洲地区，主要有瓜多竹（*Guadua angustifolia*）、*Guadua aculeata* 和 *Guadua amplexifolia* 三类竹种适合作为建筑用材。其中，瓜多竹的物理力学性能最好，是拉美地区建筑中使用最普遍的竹种，被建筑师称为"植物钢筋"[1-10]，其大量分布在委内瑞拉、哥伦比亚、厄瓜多尔和秘鲁等国家。并且，瓜多竹是哥伦比亚圆竹结构设计标准中所规定的唯一结构用竹。其他的两种竹种则多分布在墨西哥、哥斯达黎加、萨尔瓦多、洪都拉斯、尼加拉瓜和巴拿马等国家。（2）在非洲，只有高地竹（*Oldeania alpina*）和低地竹（*Oxytenanthera abyssinica*）两个竹种，其总面积约360万公顷[1-1]。低地竹分布在大多数的非洲国家，而高地竹则主要分布在埃塞俄比亚、肯尼亚、坦桑尼亚和乌干达等国家。这两类竹种长期以来被当地人用作传统的建筑材料，比如在埃塞俄比亚，低地竹被用来修建Amhara竹屋，而高地竹则用来修建Sidama竹屋[1-9]。

纵观全球建筑用竹种资源的分布和使用情况，中国具有明显的资源优势，其种类多、面积大，且分布广。丰富的竹材资源不但可为中国建筑用竹产品的加工和生产提供有力的保障，同时也是中国竹产品对外出口贸易竞争的优势所在。在建筑用竹资源丰富的地区，以资源带动竹建筑产业的发展，不但可以为当地的人们提供就业和生计保障，而且还可以满足当地居民的居住需求。但同时，由于不同地区和立地条件下的竹子材性有所差异，所需要的具有针对性的应用研究及开发技术也各异。因此，专门针对不同建筑用竹资源及种类的清查、规划和可持续管理，是发展当地竹建筑相关产业的必要保障。此外，面对中国持续上涨的人力成本，除了可以在中国本土开展相关竹建筑产品的加工外，也可以借助中国在加工技术方面的领先优势，选取东南亚、非洲或者拉美地区建筑用竹资源丰富且人力成本相对较低的国家进行合作和开发，充分挖掘其他竹产国的资源优势，从而带动全球竹建筑产业的发展。

本章参考文献

[1-1] FAO. Global forest resources assessment 2015 [R]. Food and Agriculture Organization of the United Nations, 2015.

[1-2] Jiang Z H. Bamoo and rattan in the world [M]. Beijing: China Forestry Publishing House, 2007.

[1-3] 戴庆敏，徐传保. 2000—2015年世界竹研究文献分析 [J]. 竹子学报, 2017, 36（2）: 9-15.

[1-4] Vorontsova M, Clark L, Dransfield J, et al. World checklist of bamboos and rattans [R]. International Network for Bamboo and Rattan（INBAR）, 2016.

[1-5] Jayanetti D, Follett P. Bamboo in construction: an introduction [R]. Published jointly by TRADA Technology Limited, International Network for Bamboo and Rattan（INBAR）, Department for International Development（DFID）, 1998.

[1-6] Salam K, Pongen Z. Hand book on bamboo [R]. Cane and Bamboo Technology Centre, 2008.

[1-7] RFD & ITTO. Physical and mechanical properties of some Thai bamboos for house construction [R]. Royal Forest Department of Thailand（RFD）and International Tropical Timber Organization（ITTO）, 2013.

[1-8] Chung K, Chan S. Bamboo scaffolds in building construction [R]. International Network for Bamboo and Rattan（INBAR）, 2002.

[1-9] Kibwage J, Misreave S. The value chain development and sustainability of bamboo housing in Ethiopia [R]. International Network for Bamboo and Rattan（INBAR）, 2011.

[1-10] Villegas M. New bamboo architecture and design [R]. Villages Editores, 2003.

[1-11] Yu Y L, Huang X A, Yu W J. High performance of bamboo-based fiber composites from long bamboo fiber bundles and phenolic resins [J]. Journal of Applied Polymer Science, 2014, 131（2）: 40371.

2

第2章
建筑用竹材种类及特点

沙特阿拉伯别墅

（图片来源：赣州森泰竹木有限公司）

根据建筑材料功能的不同，建筑用竹材的种类可分为结构材料、围护材料、装饰材料和其他功能材料。本章将主要围绕以下三个方面的内容进行展开：

（1）结构材料

竹子作为结构材使用，既可以直接使用圆竹，也可以使用改性的工程竹材，如竹集成材、竹篾层积材和重组竹等来建造梁、柱、剪力墙和屋架等承重构件。对于结构材料而言，其物理力学性能至关重要。本部分将重点介绍中国主要建筑用竹结构材产品的物理力学性能特点及相应的测试方法，并与常见建筑用针叶材产品的性能进行对比。

（2）围护材料和装饰材料

在建筑的围护材料和装饰材料中，工业化的竹产品应用最为普遍，如非结构用的竹集成材、重组竹、竹胶合板、微薄竹和竹刨花板等，可用作室内外竹地板、竹墙板、室内竹装饰材料（如竹吸音板、竹穿孔板等）和户外竹格栅等。本部分将介绍其中部分材料的用途和使用情况。

（3）其他功能材料

除了以上两个方面以外，建筑用竹材还应用在竹脚手架、竹筋混凝土结构、竹筋砌体结构、土体加固工程，以及既有结构加固工程中。本部分将主要介绍这些应用的研究成果。

2.1 结构材料

2.1.1 圆竹

1. 圆竹物理力学性能测试方法

竹材属于各项异性材料，其三维的力学性能复杂，变异性大，不同部位、竹龄、含水率下的力学性能均不相同[2-1]。目前的研究主要针对竹材一维的力学性能，包括轴向（顺纹）、径向和弦向的力学性能[2-2]，研究内容多集中于无暇小试样的力学性能测试方法和力学参数变异性的研究，而在大跨度足尺竹结构材的长期性能、动态和静态力学性能以及振动测试等方面的研究较少，采用统计方法获得竹结构材特征值方法的相关标准正在制定当中，竹材本构模型方面有少量关于竹材应力—应变关系的研究。

国际标准《圆竹物理力学性能试验方法》ISO 22157：2019[2-3]中给出

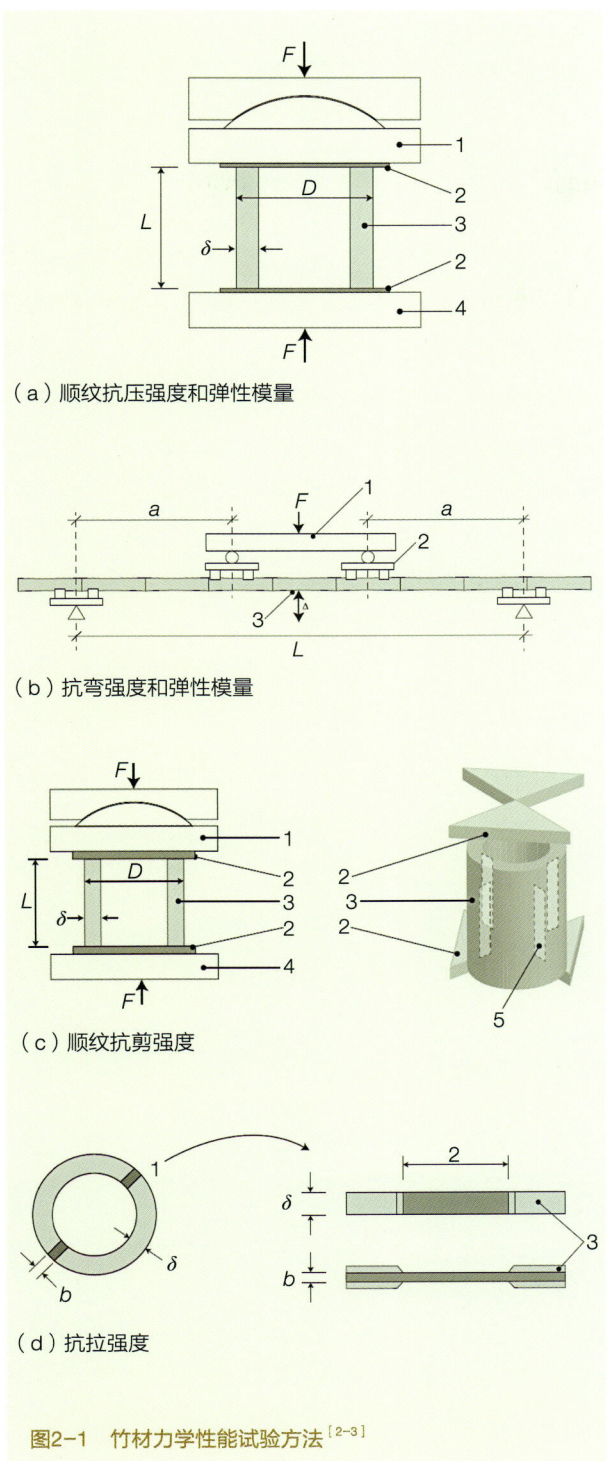

（a）顺纹抗压强度和弹性模量

（b）抗弯强度和弹性模量

（c）顺纹抗剪强度

（d）抗拉强度

图2-1　竹材力学性能试验方法[2-3]

了测定圆竹力学性能的试验方法，包括圆竹顺纹抗压强度和弹性模量（图2-1a）、圆竹抗弯强度和弹性模量（图2-1b）、圆竹顺纹抗剪强度（图2-1c），以及竹片的抗拉强度试验方法（图2-1d）等。

中国的国家标准《竹材物理力学性质试验方法》GB/T 15780—1995[2-4]和行业标准《建筑用竹材物理力学性能试验方法》JG/T 199—2007[2-5]给出了竹片力学性能的试验方法。两个标准都提供了顺纹抗压强度、抗弯模量及强度、顺纹抗剪强度和顺纹抗拉强度的试验方法，但试验方法略有不同。刘波等[2-6]对比分析两部标准后发现行业标准中的试件形状和加载形式更科学、可操作性更强。行业标准还提供了顺纹抗压弹性模量、横纹抗压弹性模量、顺纹抗拉弹性模量和冲击韧性的试验方法。

现行国内外标准和近些年的研究成果显示，竹杆一维力学性能，包括轴向（顺纹）、径向、弦向的抗拉、抗压和抗剪性能均可通过试验进行测定，但竹材在复合受力下的力学性能测试方法较少。陈复明等[2-7]研究了圆竹在双轴向（X,Y）压缩载荷下径向力学行为，利用斜率法估算了双轴向载荷下竹间的长度尺寸效应，同时采用数字散斑相关方法对应变场信息及长径比对环向应变的影响进行了表征，结果表明：双轴向压缩强度是单向的2.4~2.5倍，压缩时间较单向小30%~45%；双轴向载荷下竹节处强度是竹间的2.38倍，从结构方面来说竹节对于竹筒是增强体而非缺陷。在未来，研发合理的测定方法，深入了解竹材在二维和三维受力情况下的力学性能，有助于建立竹材的本构关系和破坏准则，推进竹材的应用。

2. 圆竹物理力学性能参数

竹子的微观构造如图2-2所示，主要由厚壁细胞的维管束（图2-2a）和薄壁细胞（图2-2b）组成。维管束在结构上可分为纤维（图2-2c）、木质化的导管、筛管和细胞腔等。纤维厚壁细胞沿轴向排列整齐，对竹材的力学性质贡献最大，使竹材具有较高的强度和刚度[2-9]。单根竹纤维的显微图如图2-2d所示。竹材不同部位的细胞大小和形状、维管束密度、纤维含量各不相同，研究表明：竹秆上部比下部的力学强度大[2-10]，竹壁外侧比内侧的力学强度大[2-9]；竹节比节间材的抗弯强度、顺纹抗压和抗拉强度都有一定程度的降低，但抗劈强度和横纹抗拉强度有明显提高[2-11]、[2-12]。

含水率对竹材的顺纹抗压、抗拉、抗剪强度及弹性模量等力学性能有很大的影响，随着含水率增大上述力学参数值均降低。气干后的竹材要比新鲜

图2-2　竹材微观细胞图[2-8]

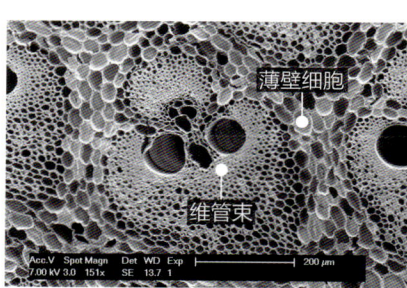

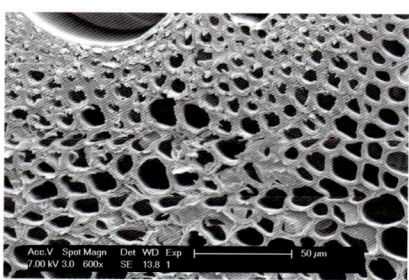

（a）竹材的微观构造　　　　　　　　　　（b）薄壁细胞显微图

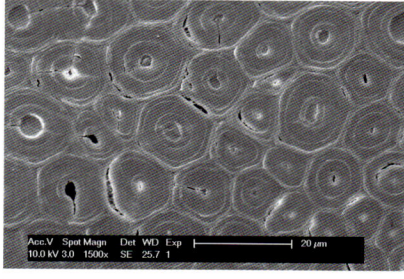

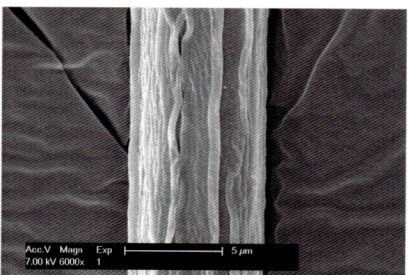

（c）竹纤维显微图　　　　　　　　　　　（d）单根竹纤维显微图

竹材具有更高的抗压强度、抗拉强度、抗弯强度和劈裂强度；但当竹材处于绝干条件下时，因质地变脆反而强度下降[2-13]。Xu等[2-14]对浸水1天和7天的竹材进行了顺纹抗压、顺纹抗剪和抗劈裂试验，结果显示：当含水率在30%以内时，随含水率的增高，圆竹的力学性能下降较快；当含水率等于30%时，圆竹的各项力学参数约为气干时力学参数的75%；当含水率大于30%时，随着含水率增加圆竹力学性能劣化则并不明显。此外，随着竹龄的增加，竹材木质化程度逐步提高，其力学性能也逐步提高；但当竹材老化变脆时，强度反而下降[2-15]。

表2-1列举了中国最常见建筑用竹种和几种常见建筑用针叶材的各项物理力学性能指标，由表2-1可知：（1）中国常见建筑用竹种的密度在500~1000kg/m³之间，而一般常见建筑用针叶材的密度在400~700kg/m³之间；（2）圆竹抗拉强度在110~300MPa之间，而一般建筑用针叶材的抗拉强度在80~130MPa之间；（3）圆竹的抗压强度大多在50MPa以上，而一般建筑用针叶材的抗压强度在30~60MPa之间；（4）圆竹的抗弯强度在80~200MPa之间，而一般建筑用针叶材的抗弯强度在60~120MPa之间；（5）圆竹的抗剪强度在6~19MPa之间，而一般建筑用针叶材的抗剪强度在5~11MPa之间；（6）圆竹的抗弯弹性模量在9000~22000MPa之间，而一般建筑用针叶材的抗弯弹性模量在9000~15000MPa之间。从以上数据可知，中国常见建筑用竹种的各项物理力学性能指标大多高于常见建筑用针叶材，圆竹材料是一种优良的工程结构材料。

3. 圆竹的长期性能、耐久性能和防火性能

作为建筑材料，除了以上的物理力学性能以外，其长期性能、耐久性能和防火性能也十分重要。

利用竹材作为建筑材料，其长期性能必须得到保证，并应在设计时予以考虑。Gottron等[2-45]对刺竹（*Bambusa stenostachaya*）竹条进行了受弯长期性能试验，分别考虑了竹青受压和竹青受拉，得到了两种情况下竹条的长期性能。研究结果显示，竹青受拉时的断裂模量比竹青受压时大，但表观弹性模量小；竹青承受长期受压荷载后的承载力则要高于竹青受拉时的承载力；在竹青受压时，长期蠕变作用对试件的承载力有强化作用，同时对比发现刺竹的长期性能要优于木材。

竹材作为建筑材料，最令人担忧的是耐久性较差。竹子中的淀粉吸引生

中国常见建筑用圆竹、工程竹材和建筑用针叶材物理力学性能指标

表2-1

序号	竹种／树种	抗拉强度（MPa）	顺纹抗压强度（MPa）	抗弯强度（MPa）	顺纹抗剪强度（MPa）	抗弯弹性模量（MPa）	密度（kg/m³）	含水率（%）	参考文献
				常见建筑用圆竹物理力学性能指标					
1	Bambusa pervariabilis	—	79	80	—	22000	—	<5	[2-16]
2	Bambusa tulda	207	79	194	9.9	18611	910	8.6	[2-17]
3	Bambusa Vulgaris	117.9	56.7	137.7	—	—	590	—	[2-18]
4	Dendrocalamus asper	227	69	83.7	—	—	767	11.3	[2-19]
5	Dendrocalamus giganteus	177	70	193	10.6	16373	740	8.0	[2-17]
6	Dendrocalamus hamiltonii	177	70	89	6.7	9629	590	8.5	[2-17]
7	Gigantochloa apus	298.9	27.3~48.6	87.5	7.5~7.7	—	—	15.1	[2-20]
8	Phyllostachys edulis（毛竹）	—	67.0	180.9	18.17	10850	644	—	[2-21]
				主要工程竹材物理力学性能指标					
1	结构用竹篾层积材（相同纹理方向组胚）	137	85.5	160.9	22.7	12200	960	—	王正
2	结构用竹篾层积材（纵、横交错方式组胚，也称 Glubam）	83	35~51	99	16	9407	820~900	—	[2-22]
3	结构用竹集成材	90~140	40~60	90~120	—	8000~12000	600~1000	8~12	[2-23]~[2-37]
4	结构用重组竹（组成单元：竹纤维）	120~250	50~80	120~250	—	12000~13000	1000~1250	8~10	[2-37]~[2-43]
				常用建筑用针叶材物理力学性能指标					
1	落叶松（东北）	129.9	57.6	113.3	8.5	14500	641	气干	[2-44]
2	杉木（四川）	83.1	36.0	68.4	6.0	9600	416	气干	[2-44]
3	柏木（贵州）	102.4	48.1	100.1	10.2	10000	455	气干	[2-44]
4	冷杉（四川）	97.3	35.5	70	4.9	10000	433	气干	[2-44]

注：结构用竹篾层积材（相同纹理方向组胚）的数据由中国林业科学研究院木材所正正提供。以上数据都是在特定条件下进行的测试，不适于直接进行简单地比较，仅供读者参考。

物，导致竹子性能劣化。未经处理的竹材使用年限大致为：在露天环境或土环境中为1~3年；在有遮挡并不接触土壤的环境中为4~6年；在很好的储存和使用环境中为10~15年；在密闭环境如混凝土中或土墙中可以超过100年。对竹材进行适当的处理，可以显著提高其耐久性能[2-46]。对改善竹材耐久性的建议包括：竹子应选择在冬季采伐，此时竹子的糖分含量最少；刚采伐后的竹子应直立几天，保持枝叶完整，此举可消耗掉部分糖分；采伐后的竹子可放入活水中浸泡，稀释淀粉含量。为减少竹子受微生物侵害，可采用非化学方法和化学方法进行处理。非化学方法包括烟熏法、刷熟石灰粉以及刷防水防腐涂料；化学方法包括采用化学溶液将竹子浸泡或端部压注。此外，建筑用竹材还需要进行干燥处理[2-46]。

与木材相似，竹材是可燃材料，针对竹材火灾安全性能的研究是必要的，但目前研究数据还比较有限。Mena等[2-47]对南美洲常见的瓜多竹（Guadua angustifolia）进行了火灾性能试验研究，结果表明，在选用圆竹和竹胶合板作为饰面材料时，其燃烧性能均优于一般木材胶合板，圆竹和竹胶合板的炭化速度要小于木胶合板，其常温下和高温时的抗弯强度也优于木胶合板，部分可替代木胶合板。目前有限的研究结果显示，当采用合理的防火设计方法和构造措施后，圆竹结构房屋可以满足火灾安全性能要求，但仍需进行基于性能的圆竹结构防火设计方法和消防措施研究，提升圆竹结构的抗火性能。

2.1.2 工程竹材

1. 工程竹材分类

从20世纪70年代末开始，研究人员开始尝试利用现代胶合工艺对圆竹材料进行开片或疏解重组，制成符合现代建筑工业要求的规格材料。把通过一定的物理、化学手段，将竹子的各种单元形式（竹条、竹篾、竹单板、竹碎料、竹纤维、竹束等）与胶粘剂组合成力学性能更加稳定的复合材料统称为工程竹材。按照材料组成单元和加工工艺的不同，主要分为三类：结构用竹篾层积材、结构用竹集成材和结构用重组竹，如图2-3所示。

（1）结构用竹篾层积材

一般选用大直径散生竹种，将其劈成定宽的竹条，然后通过剖篾、编竹帘、干燥和施胶等步骤，将多层竹帘按照相同纹理方向或者纵横交错的方式进

图2-3 工程竹材类型

（图片来源：图a由中国林业科学院提供；图b和图c由南京林业大学提供）

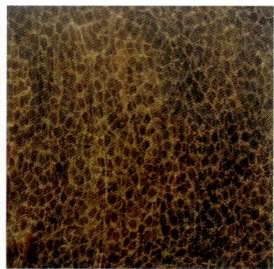

（a）结构用竹篾层积材　　　（b）结构用竹集成材　　　（c）结构用重组竹

行组胚热压而成的板材或方材。板材可直接用于墙板、楼板及屋面板的制作。板材再通过切割、涂胶组胚、冷压和指接等工艺进行拼厚拼长后，可用于梁、柱等结构受力构件的制作。具体工艺流程如图2-4所示。有学者将纵横交错方式组胚的材料称为Glubam胶合竹。

图2-4 结构用竹篾层积材生产工艺流程[2-48]

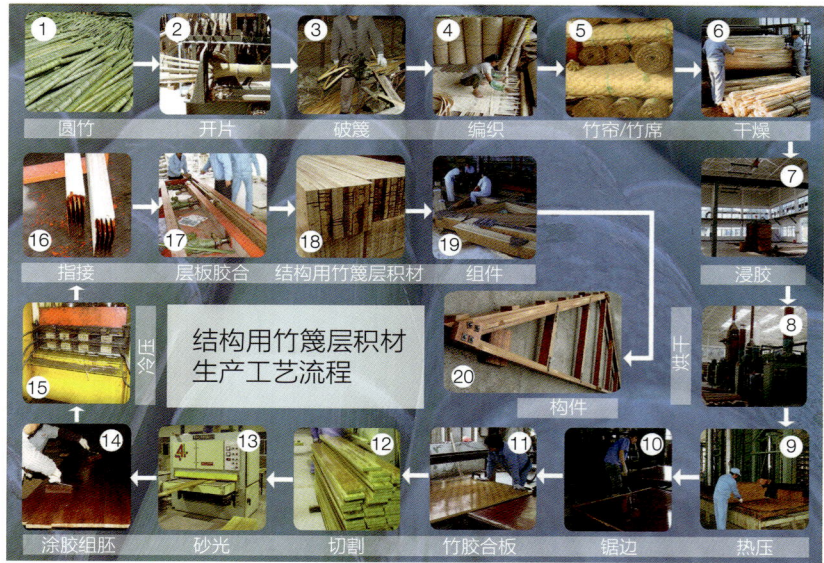

（2）结构用竹集成材

以定宽精刨竹片为构成单元，按顺纹组坯经热压胶合而成的板材或方材。原料一般选用大直径散生竹种（毛竹居多），后经锯切断料、分片、粗刨、高温蒸煮、高压炭化、烘干、精刨、分色选片、组坯压合和砂光等数十道工艺加工而成。按竹条组坯结构可分为平压竹板、侧压竹板、工字竹板、纵横竹板、竹单板以及多层板等。

（3）结构用重组竹

以竹束或纤维化单板为构成单元，浸渍水溶性酚醛树脂，干燥后按顺纹组坯、经热压（或冷压）胶合而成的板材或方材。原料不但可以选用大直径竹种，而且也可以利用5cm以上直径的小径竹。与前两和结构用胶合竹产品25%~30%的利用率相比，重组竹的原材料利用率大大提高，其利用率可达到90%以上。

除了以上三类应用较多的工程竹材种类以外，目前市场上还出现了一种新型的竹缠绕复合材料。该复合材料以竹子为基材，以树脂为胶粘剂，采用缠绕工艺加工成型，充分发挥了竹子轴向拉伸强度高和柔韧性好的特性，可生产制造压力管道、城市综合管廊、容器等，并可以采用缠绕工艺制作成整体式房屋。因产品较新，目前研究的学者较少，这里不作进一步的展开。

2. 工程竹材物理力学性能参数

根据国内外研究人员的测试结果[2-23]~[2-37]，如表2-1所示，各类竹集成材产品的密度为600~1000kg/m³，含水率为8%~12%，抗压强度多在40~60MPa，抗拉强度多在90~140MPa，抗弯强度多在90~120MPa，抗弯弹性模量多在8000~12000MPa，受压和受弯破坏表现出较好的塑性性能，材料强重比高于钢材，是一种综合力学性能很好的建筑材料，可用于梁柱板等受力构件。但通过小试样测得的力学性能不能完全反映其强度特性，需要通过大尺寸试验研究其在足尺结构中的性能，其推广应用尚需解决技术、成本及标准等方面的制约。

重组竹的各项物理力学性能（表2-1）与制备工艺及竹材品种密切相关，在目前的生产工艺下，根据国内外研究人员的测试结果[2-37]~[2-43]，重组竹的密度可达1000~1250kg/m³，含水率为8%~10%，抗压强度多在50~80MPa，抗拉和抗弯强度可达120MPa以上，甚至高达250MPa[2-33]，抗压和抗弯弹性模量在12000~13000MPa，综合力学性能优异且稳定。

对于工程竹材，目前尚无针对性的物理力学性能测试标准，多参照木材及复合木制品的相关测试方法，例如美国的 Test Specification for Evaluation of Structural Composite Lumber Products（ASTM D5456-17）[2-49]中所建议的各项测试标准。各项标准对应的试件尺寸、形状有差异，当采用无疵小试样进行力学性能测试时，试验测得的力学性能与用于大型构件时的力学性能存在较大差异。工程竹材的力学性能受尺寸效应影响十分明显，尺寸越大的试件包含越多的材料缺陷，且工程竹材的承载力受到胶合面的直接影响，尺寸越大包含胶合面越多，承载力越低。此外，生产工艺、环境因素均对力学性能有直接影响。如何将试验室测得的物理力学性能与实际相结合，得到可用于结构设计的力学参数，保证足够的安全度且经济合理，需要经过大量的试验研究和理论分析。目前的研究普遍将工程竹材的材性与工程木材进行对比，而工程竹材的本构模型、破坏准则有待深入探讨。

3. 工程竹材的耐久性能和防火性能

工程竹材经过蒸煮、干燥或改性重组等生产工艺，其耐久性能要优于未经任何处理的圆竹，但其内在的纤维素、半纤维素和木质素等生物质成分，在自然环境下受光照、潮湿等气候条件影响，依旧存在耐久性的问题。木材的耐久性能已有相关实验室试验方法[2-50],[2-51]和野外试验方法[2-51],[2-52]，能考虑霉菌以及微生物、白蚁等对木材长期性能的影响，竹材耐久性能的评价目前也多是参照此试验方法和评价标准。对工程竹材耐久性能的研究，目前的研究方法包括：自然或人工加速老化性能试验、天然耐腐试验和防霉试验。通过材料老化或腐蚀霉变后外观、物理力学性能的改变程度来评价其耐久性能。

秦莉等[2-53],[2-54]研究了热处理后竹束制备重组竹材的人工模拟气候加速老化性能、室外自然老化性能、循环加速老化性能及防霉耐腐性能，探讨了人工加速老化与室外自然老化的关系，揭示了在不同老化环境下重组竹材料性能变化规律，研究结果显示，重组竹能够达到Ⅰ级强耐腐要求，但对霉菌的防治作用有限，特别是对蓝变菌的抑制能力较差。魏万姝等[2-55]研究了不同竹龄慈竹重组竹的天然耐腐及防霉性能。在天然耐腐性上，慈竹重组竹经褐腐菌和白腐菌的实验室加速腐蚀，失重率不足5%，达强耐腐等级；但在天然防霉性上，慈竹重组竹素板的天然防霉性能极差，需对其进行防霉处理。而竹龄对耐腐性和防霉性的影响不显著。张亚慧等[2-56]进行了3~4年生毛竹和慈竹生产的竹基纤维复合材料的循环暴露试验，模拟户外自然条件的变化对力学性能和尺寸稳定性的影响，与商业重组竹产品进行了比较。试验表明户外用竹基纤维复合材料的耐久性要优于户外商业化重组竹产品。陈杰[2-57]进行了Glubam胶合竹的人工加速老化试验，模拟自然气候中的太阳光照和降雨的影响，经过一定周期的光照和喷淋循环后测试了老化后胶合竹的物理力学性能。结果表明，未经处理的胶合竹试件加速老化后纤维层的粘结能力大大降低，各力学性能有不同程度的下降，封边处理能够提高试件的抗老化能力。张禄晟等[2-58]

研究了经防腐处理后的竹集成材的耐腐性能，采用水载铜基防腐剂季铵铜和铜唑进行防腐处理，并通过失重率来评价耐腐性能。结果表明，防腐处理后能显著提高竹集成材的防腐性能，但防腐剂的抗流失性能有待提高。

以上研究结果表明，工程竹产品受自然条件影响会发生不同程度的老化，总体来说重组竹的抗老化性能优于集成竹和竹篾层积材。在耐腐性能上，重组竹经过高温干燥和酚醛树脂的浸胶处理，耐腐性能基本达到强耐腐等级；而集成竹材中竹纤维与胶粘剂的粘结面积较小，胶合竹素板对木腐菌的抵抗能力较差，防腐处理是必要的。而在防霉性能上，重组竹防霉性能较差，若不经特殊防霉处理极易霉变，目前尚未见针对胶合竹防霉性能研究的报道。

4. 工程竹结构建筑的防火性能

周泉等[2-59]结合汶川地震后在四川广元北街小学、南鹰小学建造的Glubam胶合竹结构安置房工程实例，以一间足尺装配式胶合竹结构房屋为对象，研究了装配式竹结构房屋在受火状态下墙体温度场的变化情况以及房屋在火灾中的损坏情况，并与相同尺寸的轻钢结构板房进行了试验对比。结果表明，装配式Glubam胶合竹结构房屋相较于轻钢结构板房具有更好的安全性和抗火性。马健[2-60]研究了Glubam胶合竹和轻型竹结构框架房屋的防火性能，对采用阻燃涂料进行阻燃处理后的胶合竹材进行燃烧性能分级试验，证实经阻燃处理后的胶合竹板能达到B级燃烧性能；还进行了一个足尺轻型竹结构框架房屋耐火极限试验，证实采用文中所述建造方法建造的轻型竹结构框架房屋的整体结构耐火极限可达1h。Mena等[2-47]研究了瓜多竹圆竹和瓜多竹胶合竹的燃烧和防火性能，并与松木胶合木进行了对比。通过三种材料在不同热通量下的点燃时间、火焰传播速率、炭化速度和高温下的抗弯强度对比发现，圆竹和胶合竹的点燃时间比胶合木更长、火焰传播比胶合木更慢，圆竹的炭化速度明显慢于胶合竹和胶合木，三种材料在高温下抗弯强度的退化趋势接近，总体来说竹材的耐火性能要优于胶合木。钟永等[2-61]研究了高温中和高温后竹层积材的抗弯性能，通过不同温度下竹层积材的抗弯试验，建立了竹层积材在高温中和高温后的相对抗弯强度与温度的关系模型。向金华[2-62]研究了重组竹的热物理性能、重组竹在高温下的力学性能以及重组竹单面和多面受火时的炭化性能，得出了重组竹各项力学性能指标随温度的变化规律，以及炭化速度随受火时间、含水率和纹理方向变化的规律。Shah等[2-63]采用瞬态平面热源法研究了毛竹和瓜多竹制作的几种工程竹产品的导热性能，证实了竹材成分和密度对导热性能的影响。Zhong等[2-64]研究了重组竹在高温下和高温后的抗压强度和弹性模量，以及重组竹发生热分解导致材性改变的临界温度。Xu等[2-65]研究了重组竹在高温下的抗拉、抗压性能，给出了重组竹顺纹和横纹方向在不同温度下的应力—应变曲线，以及强度和弹性模量随温度的折减系数。Xu等[2-66]通过锥形量热仪试验，测试了胶合竹和重组竹的燃烧性能，综合测试指标表明，重组竹的耐火性能优于建筑用针叶材，胶合竹的耐火性能与建筑用针叶材相当，锥形量热仪试验能够快速评价工程竹材的燃烧性能。

目前关于工程竹结构耐高温和防火性能的测试数据还比较有限，多借鉴了木结构的测试方法和评价标准，并与木结构的耐火性能进行比较，对工程竹结构的防火措施也多参考木结构。总体而言，工程竹材的耐火性能略优于常用建筑用针叶材。

2.2　围护材料和装饰材料

这里主要介绍在建筑市场上使用相对较多的围护和装饰用竹材。

2.2.1　竹地板

竹地板具有竹子的天然纹理，其色差比木地板小，自然硬度比木材高出一倍多，且不易变形，坚固耐用。经过近40年的发展，竹地板从最早期的单一本色竹片集成结构发展到多种集成或重组结构，根据生产工艺的不同可分为普竹地板和重组竹地板；竹地板根据原材料的不同可分为全竹地板和竹木复合地板；根据加工处理方式的不同可分为本色竹地板、漂白竹地板和炭化竹地板[2-67]，[2-68]；根据所使用位置的不同，可分为室内地板和室外地板。室外地板因其对耐久性的要求较高，其制造工艺要求也较高。高耐室外竹地板常用于室外景观栈道的修建，使用年限可长达25年。竹地板质地细腻、光滑平整、纹理清晰，具有天然的色泽和美感，同时其保留了竹材强度大、韧性好、耐磨等优良品质，在国内外许多商业建筑中被使用。

根据国际竹藤组织于2018年发布的《2016年国际市场竹藤商品贸易总览》（Trade Overview 2016: Bamboo and Rattan Products in the International Market）中所提供的数据：2016年全球竹地板出口贸易总额约达2.73亿美元[2-69]（图2-5），竹地板的全球出口贸易额占所有工业化利用竹产品的68.4%。在中国，竹地板生产是竹材加工利用的主要方式之一。近

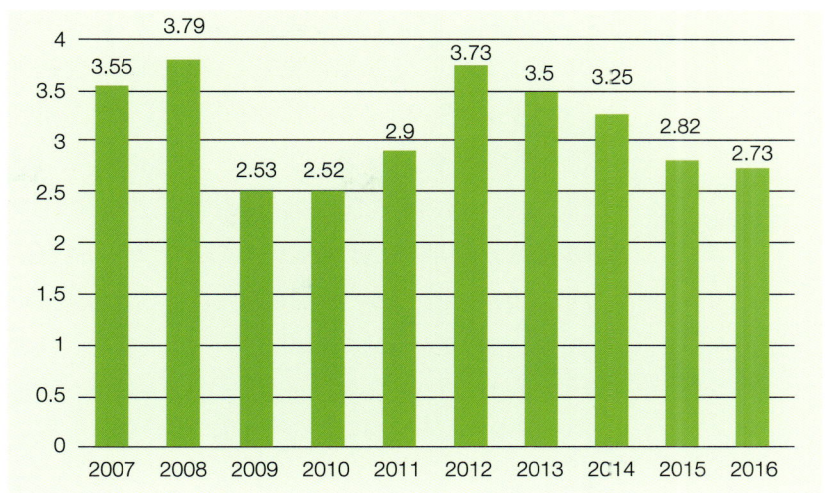

年来竹地板产业快速发展，主要出口到欧洲、澳大利亚、加拿大、美国及东南亚国家。2016年中国竹地板出口贸易额达到2.56亿美元，占全球地板出口贸易总额的93.8%。

作为室内用装修材料，人们通常关注竹地板的燃烧性能、尺寸稳定性、耐水耐磨性能，而作为室外地板，除上述性能外其耐老化性能同样值得关注。黄志伟等[2-70]进行了侧拼竹地板、平压胶合竹地板以及重组竹地板燃烧性能的锥形量热仪试验，根据试验结果，重组竹地板的点燃时间相比平压胶合竹地板和侧拼竹地板分别延长了6s和12s，热释放速率和有效燃烧热的第二峰值出现时间则延迟了4min和6min，前15min三种竹地板的总热释放量大小依次为平压胶合竹地板、侧拼竹地板、重组竹地板，成炭率大小依次为重组竹地板、平压胶合竹地板、侧拼竹地板，烟比率大小依次为侧拼竹地板、平压胶合竹地板、重组竹地板；总体来说，重组竹地板相比两种胶合竹地板更有利于人们的逃生。

张文福等[2-71]对比分析了同一厂家生产的8种不同类型竹地板的物理力学性能，结果表明：本色平压竹地板的物理力学性能最好；本色竹地板的物理力学性能优于炭化竹地板；平压竹地板的物理力学性能优于侧压竹地板、重竹地板及3mm重竹贴面竹木复合地板；重竹地板密度最大，吸水率最低，在提高竹材利用率的同时，仍具有优良的物理力学性能，3mm重竹贴面竹木复合地板可以有效降低重竹地板密度；重竹地板和3mm重竹贴面竹木复合地板尺寸稳定性较差，炭化侧压竹地板更易使用受环境温湿度的影响。

邓健超等[2-72]研究了浸漆、浸漆+底漆、浸漆+底漆+面漆三种不同处理方式对竹地板耐水及耐磨性的影响,结果表明,仅对竹地板进行浸漆处理,板材的耐水性没有明显改善,而浸漆+底漆(+面漆)处理可以显著提高板材耐水性;在试验范围内,浸漆+底漆+面漆处理的试样符合竹地板国家标准GB/T 20240中关于"表面漆膜耐磨性"的规定;正常室内使用环境下,最初500转的磨耗量浸漆+底漆+面漆处理材最大,未漆处理材最小,水浸处理使未油漆及仅浸漆处理材的耐磨性较大程度下降,而对浸漆+底漆(+面漆)处理材的耐磨性影响不大。

索美玲[2-73]研究了室外用重组竹地板的耐老化性能,通过加速老化试验证实重组竹地板具有良好的耐老化能力。在静态力学性能方面,老化后重竹地板(涂饰UV固化清漆)的MOR、MOE和顺纹抗压强度的保留率均在60%以上,在耐水性能方面,老化后24h吸水率和24h吸水厚度膨胀率分别为8.67%和5.52%,两种新型木器涂料(耐候木油和防紫外线漆)有良好的耐老化性能,经它们涂饰的板材耐老化性能优于涂饰UV固化清漆的重竹地板,其MOR、MOE和顺纹抗压强度的保留率均在85%以上,24h吸水率和24h吸水厚度膨胀率分别为4.62%、1.72%和4.58%、1.74%;通过正交试验,使用极差和方差分析,发现生产工艺参数对板材老化前后密度、MOR、MOE、顺纹抗压强度的保留率均有显著影响,对24h吸水率和24h吸水厚度膨胀率的保留率无显著影响。

2.2.2 室内竹装饰材料

近年来,室内竹装饰材料(如竹天花板、竹吸音板和竹穿孔板等)因其自然、环保且非木制品的属性受到青睐,很多大型公共建筑均采用了此类材料:2004年建成的马德里巴拉哈斯机场(Aeropuerto de Madrid-Barajas)的T4航站楼(图2-6a),其23万m²的防火天花板全部采用竹材,是全球最大的竹应用工程,此案例在竹材应用领域具有重大意义,是中国竹材在世界大型建筑工程领域的重大突破,也是竹材防火技术领域的里程碑;2011年,深圳万科总部12万m²的室内装修,从门、地板、壁板到吊顶全部使用竹材,该建筑获得了绿色建筑LEED铂金奖认证(图2-6b);2012年建成的中国江苏无锡大剧院(图2-6c),其室内装修中使用了200m³的可再生环保型竹材,采用了竹吊顶天花板和吸音墙板等多种竹产品,同时满足了声学和建筑造型的要求;2018年建成的中国福州海峡文化艺术中心(图2-6d),总建筑面积15万m²,采用了全竹整体应用解决方案,包括竹地板、竹吸音墙板、竹防火墙板、竹防火格

（a）西班牙马德里机场

（b）深圳万科总部

（c）无锡大剧院

（d）海峡文化艺术中心

栅和竹户外耐腐竹材等，工程竹材的总用量超过4万m²。

竹材的颜色和质感协同作用构成了其独特的装饰特性。从颜色上来说，竹材作为室内装饰材料有绿色、黄色和炭化色三类。绿色以圆竹装饰材为主，易使人产生轻快、有活力的心理感觉，但其明度高且偏冷，不适于一般住宅室内大面积应用，多作为景观点缀；黄色以竹质人造板为主，色浅，明度和饱和度都偏低，给人平淡素雅的感觉，适用于天花板、墙面等大面积的装饰；炭化色则以炭化后的竹材为主，其明度和饱和度在三种颜色中最低，更显沉静内敛，多用在地板中起到划分空间的作用。后两者属于低饱和度的暖色，色彩包容性好，能够营造出适合居住空间的柔和、温馨的氛围[2-74]。

除了以上两类产品以外，高耐户外竹产品如竹墙板、竹格栅、竹护栏等产品也在相关建筑中有所应用。

图2-6 室内竹装饰材料应用案例

（图片来源：杭州大索科技有限公司）

2.3 其他功能材料

2.3.1 竹脚手架

在中国华南和华东地区，由于取材方便，竹材常被用于搭建脚手架。虽然竹脚手架的使用十分广泛，但是相关的研究比较缺乏。Chung等[2-75]针对脚手架常用的毛竹和撑蒿竹的物理力学性能进行了试验研究，并通过统计分析提出了设计建议值、选材条件以及保存方法。Yu等[2-76]针对单根竹子的屈曲进行了试验研究，并提出了设计计算方法，经与试验结果对比后证实该设计方法能保证竹脚手架的安全性。Yu等[2-77]针对双排四层竹脚手架中竖向竹杆的屈曲进行了试验研究和数值分析，并为竹脚手架中水平约束的设置提出了建议；试验结果显示，即使有竹杆发生屈曲，但合理搭建的竹脚手架仍不会发生整体倒塌。

由于不重视脚手架方案设计，事故仍频频发生，近些年各地陆续出台文件严格限制使用竹脚手架。但在中国香港地区，因为重视竹脚手架安全问题，严格按照规范操作，竹脚手架的使用比例远远高于国内其他地区。在中国香港地区，甚至60层的高层建筑也使用竹脚手架，但是每6到8层需要进行加固，且每隔两周需要进行一次全面的安全检查才可以继续使用。因此，在对竹材和脚手架体系都有充分认识的基础上保证规范的操作，竹脚手架仍可广泛使用。

2.3.2 竹筋混凝土结构

早在20世纪初，建筑工程中已有用竹筋替代钢筋作为加强材料。但当时建筑中的竹筋未经过防水防腐处理，竹筋混凝土构件的强度和耐久性不理想[2-78]，主要是因为若不进行防水处理，浇筑时竹筋会吸水，随着混凝土的干燥，竹筋的干缩更严重，从而导致竹筋和混凝土脱离，粘结很差，因此难以推广[2-79]。

从20世纪50年代开始，各国学者开始研究竹筋防水防腐的处理方法[2-80]，寻找到了有效的防水防腐涂层材料，并研究了采用这些方法处理后的竹筋混凝土构件的承载力，如竹筋混凝土梁、柱、板、墙[2-81]。试验结果表明，采用有效防水措施后，竹筋能使混凝土承载力得到显著提高[2-79],[2-82]。20世纪中期，中国建成一批竹筋混凝土结构后，由于中国国家建设委员会发现竹筋混凝土的承载力仍有不足、低于设计预期，后予以禁止。强度不足主要是由于采用的沥青等防水防腐涂层导致竹筋和混凝土的粘结力不足[2-83],[2-84]。

近些年，学者们仍在进行竹筋混凝土的相关研究，Ghavami等[2-32]通过大量试验研究发现一种表面处理材料Sikadur 32-Gel不仅能够有效防水防腐，同时能够保证竹筋和混凝土的粘结力，从而保证竹筋混凝土构件的承载力。Schneider等[2-85]对竹筋混凝土梁的构造进行了试验研究，试验结果显示竹筋的锚固长度应至少大于30cm，竹节处保留隔膜有利于增强竹筋和混凝土之间的粘结性能；并提出了一种新型的竹筋绑扎形成箍筋的形式。除了常见的竹筋混凝土梁柱等构件，Korde等[2-86]还研发了新型竹—混凝土拱结构，拱体和拱下方的拉结件都为圆竹，拱体为两根圆竹并排组成，相隔一定距离处用混凝土块将两根圆竹连接，形成刚性结点。目前研究的竹—混拱跨度仅为4.5m，更深入的研究和实践后可建成跨度超过10m的拱，并可在实践中应用。

现在仍存有不少早年建造的竹筋混凝土建筑，在对这些建筑拆除的构件进行研究后发现，部分竹筋构件的承载力低于预期值[2-87]，但另一部分表现很好，竹筋没有出现腐烂[2-79]。目前，竹筋混凝土构件的长期性能仍缺少试验数据，难以评价。竹筋混凝土构件若应用于实际工程中，其粘结性能和长期性能须得到保证，这也应是研究的重点。

2.3.3 竹筋砌体结构

Moroz等[2-88]尝试将整根圆竹代替钢筋用于混凝土砌块结构中，并做了单片墙体平面内往复水平荷载试验，结果显示，竹筋代替钢筋可以提高混凝土砌块结构的承载力。Lyer等[2-89]研究了竹筋代替钢筋用于砌体结构中的作用，并提出了相关设计和承载力计算方法。少量的竹筋砌体结构试验结果显示，合理处理过的竹筋可以增强砌体结构墙体的承载力[2-88]。

目前，关于竹筋砌体结构方面的研究还不成熟，针对竹筋锚固、竹筋粘结能力、竹筋墙体平面内和平面外破坏行为、竹筋砌体结构长期性能、竹筋砌体结构设计方法均需深入研究。

2.3.4 竹筋在土体加固工程中的应用

竹筋在土体加固中的应用历史悠久，比如中国福建土楼，墙体以生土作为主要建筑材料，掺上细沙、石灰、竹片、木条等，经过反复揉、舂、压建造而成。近些年来，有学者尝试将竹筋应用于加筋土工程中，例如边坡治理[2-90]、软土地基加固[2-91],[2-92]、深基坑稳定[2-93]等工程中。试验研究、数值分析与工程实践均表明竹筋能够有效加固土体。在加筋土工程中，竹筋的处理方法对于工程的耐久性十分关键。合理的处理方法能够保证竹筋在完全失效之前，土体通过固结达到稳定状态[2-91],[2-92]。在深基坑稳定工程中，数值模拟结果显示，竹桩虽能显著提高基坑的稳定性，但基坑仍会发生较大变形，因此该种加固形式不适用于对变形限制严格的工程中[2-93]。

目前竹筋在加筋土工程中的应用研究仍处于起步阶段。在未来的工作中，针对竹筋的处理方法和竹筋土工程开展试验研究和数值分析工作，可以进一步了解竹筋和土体共同作用的机理，给竹筋在土工系统中的广泛应用建立充分的理论依据。

2.3.5 竹材在既有结构加固中的应用

许清风等[2-94]进行了粘贴竹片（竹片直接由圆竹简单加工而得）加固木梁的试验研究，结果表明，粘贴竹片加固木梁可使其受弯承载力提高48.0%~83.1%，同时破坏位移亦有所增加。加固木梁跨中截面仍基本符合平截面假定，在相同荷载作用下，加固木梁受拉边缘拉应变和受压边缘压应变明显小于对比试件。朱雷等[2-95]进行了粘贴竹片加固混凝土梁的试验，研究表明，粘贴竹片加固钢筋混凝土梁的极限承载力提高了22%~25%，初始弯曲刚度提高了33%~49%；粘贴竹片加固钢筋混凝土梁在相同荷载下弯曲裂缝的裂缝宽度明显小于未加固对比试件。目前的研究结果显示，粘贴竹片是一种有效的加固方法，但竹片表面处理、锚固方式、合理粘贴量和理论计算方法有待进一步研究。Bhattacharya等[2-96]将圆竹绑扎在砌体墙外侧，以扶壁柱和环梁的形式加固墙体，试验结果显示，该加固方法可以成倍提高墙体的承载能力，这种新颖的加固形式为扩展竹材的应用提供了新思路。Feng等[2-97]为提高钢构件抗屈曲性能，研发了新型的加固方法，在钢构件周围包覆竹条，竹条外用钢丝捆绑，再用FRP纤维布缠绕在竹条外，对构件进行横向和纵向的约束，试验结果显示，该种加固方法可以显著提高钢构件的承载能力和延性，此种方法用于加固十字形或工字形钢效果最优。

本章参考文献

[2-1] 周芳纯. 竹材物理力学性质的研究 [J]. 南京林产工业学院学报，1981，2（1）：1-32.

[2-2] Harries K A, Sharma B, Richard M. Structural use of full culm bamboo: the path to standardization [J]. International Journal of Architecture, Engineering and Construction, 2012, 1（2）: 66-75.

[2-3] ISO 22157: 2019. Bamboo structures- Determination of physical and mechanical properties of bamboo culms-test methods [S]. Switzerland: International Organization for Standardization, 2019.

[2-4] GB/T 15780-1995. 竹材物理力学性质试验方法 [S]. 北京：中国标准出版社，1995.

[2-5] JG/T 199-2007. 建筑用竹材物理力学性能试验方法 [S]. 北京：中国标准出版社，2007.

[2-6] 刘波，陈志勇，殷亚方，等. 两项竹材物理力学性质试验方法标准的比较 [J]. 木材工业，2008，22（4）：26-29.

[2-7] 陈复明，江泽慧，王戈，等. 单向及双轴向压缩载荷下的圆竹径向力学性能 [J]. 深圳大学学报（理工版），2012，29（06）：527-533.

[2-8] 陈复明，王戈，程海涛，等. 新型竹纤维复合材料的研发 [J]. 东北林业大学学报，2016，44（02）：80-85.

[2-9] 冼杏娟，冼定国. 竹材的微观结构及其与力学性能的关系 [J]. 竹子研究汇刊，1990，9（3）：10-23.

[2-10] 张晓冬，程秀才，朱一辛. 毛竹不同高度径向弯曲性能的变化 [J]. 南京林业大学学报（自然科学报），2006，30（6）：44-46.

[2-11] 曾其蕴，李世红. 竹节对竹材力学强度影响的研究 [J]. 林业科学，1992，28（3）：247-252.

[2-12] 邵卓平，黄盛霞，吴福社，等. 毛竹节间材与节部材的构造与强度差异研究 [J]. 竹子研究汇刊，2008，27（2）：48-52.

[2-13] 李霞镇. 毛竹材力学及破坏特性研究 [D]. 北京：中国林业科学研究院，2009.

[2-14] Xu Q F, Harries K A, Li X M, et al. Mechanical properties of structural bamboo following immersion in water [J]. Engineering Structures, 2014,81: 230-239.

[2-15] 于文吉，江泽慧，叶克林. 竹材特性研究及其进展 [J]. 世界林业研究，2002，15（2）：50-55.

[2-16] Chung K, Chan S. Bamboo scaffolds in building construction [R]. International Network for Bamboo and Rattan（INBAR），2002.

[2-17] Naik N. Mechanical and physico-chemical properties of bamboos carried out by aerospace engineering department [R]. Indian Institute of Technology—Bombay, 2005.

[2-18] Mbuge D O. Mechanical properties of bamboo（Bambusa vulgaris）grown in Muguga, Kenya [D]. MSc of University of Nairobi, Kenya, 2000.

[2-19] RFD & ITTO. Physical and mechanical properties of some Thai bamboos for house construction [R]. Royal Forest Department of Thailand（RFD）and International Tropical

Timber Organization（ITTO），2013.

[2-20] Seethalakshmi K K, Muktesh Kumar M S. Bamboos of India: a compendium [R]. Peechi Bamboo Information Centre, India, Kerala Forest Research Institute, 1998.

[2-21] 高黎，王正，蔺焘，等. 高地竹与毛竹主要物理力学性能的比较研究 [J]. 世界竹藤通讯，2010, 8（4）: 20-22.

[2-22] 肖岩，单波. 现代竹结构 [M]. 北京: 中国建筑工业出版社，2013.

[2-23] 江泽慧，常亮，王正，等. 结构用竹集成材物理力学性能研究 [J]. 木材工业，2005, 19（4）: 22-24.

[2-24] 张叶田，何礼平. 竹集成材与常见建筑结构材力学性能比较 [J]. 浙江林学院学报，2007, 24（1）: 100-104.

[2-25] Sulastiningsih I, Nurwati. Physical and mechanical properties of laminated bamboo board [J]. Journal of Tropical Forest Science, 2009, 21（3）: 246-251.

[2-26] Mahdavi M, Clouston P, Arwade S. Development of laminated bamboo lumber: review of processing, performance, and economical considerations [J]. Journal of Materials in Civil Engineering, 2010, 23（7）: 1036-1042.

[2-27] Mahdavi M, Clouston P, Arwade S. A low-technology approach toward fabrication of laminated bamboo lumber [J]. Construction and Building Materials, 2012, 29: 257-262.

[2-28] Correal J, Echeverry J, Ramírez F, et al. Experimental evaluation of physical and mechanical properties of glued laminated guadua angustifolia kunth [J]. Construction and Building Materials, 2014, 73: 105-112.

[2-29] Correal J, Ramirez F, Gonzalez S, et al. Structural behavior of glued laminated guadua bamboo as a construction material [C]. Proceedings of the 11th World Conference on Timber Engineering, Trentino, Italy, 2010.

[2-30] 肖岩，杨瑞珍，单波，等. 结构用胶合竹力学性能试验研究 [J]. 建筑结构学报，2012, 33（11）: 150-157.

[2-31] Verma C, Chariar V. Development of layered laminate bamboo composite and their mechanical properties [J]. Composites Part B: Engineering, 2012, 43: 1063-1069.

[2-32] Verma C, Sharma N, Chariar V, et al. Comparative study of mechanical properties of bamboo laminae and their laminates with woods and wood based composites [J]. Composites Part B: Engineering, 2014, 60: 523-530.

[2-33] Li H T, Zhang Q S, Huang D S, et al. Compressive performance of laminated bamboo [J]. Composites Part B: Engineering, 2013, 54: 319-328.

[2-34] 李海涛，张齐生，吴刚. 侧压竹集成材受压应力应变模型 [J]. 东南大学学报（自然科学版），2015, 45（6）: 1130-1134.

[2-35] 李海涛，吴刚，张齐生，等. 侧压竹集成材弦向偏压试验研究 [J]. 湖南大学学报: 自然科学版，2016, 43（5）: 90-96.

[2-36] Sharma B, Gatóo A, Ramage M H. Effect of processing methods on the mechanical properties of engineered bamboo [J]. Construction and Building Materials, 2015, 83: 95-101.

[2-37] Sharma B, Gatóo A, Bock M, et al. Engineered bamboo for structural applications [J].

Construction and Building Materials, 2015, 81: 66-73.

[2-38] 关明杰，朱一辛，张心安. 重组木与重组竹抗弯性能的比较 [J]. 东北林业大学学报，2006，34（4）：7.

[2-39] 张俊珍，任海青，钟永，等. 重组竹抗压与抗拉力学性能的分析 [J]. 南京林业大学学报：自然科学版，2012，36（4）：107-111.

[2-40] Huang D S, Zhou A P, Bian Y L. Experimental and analytical study on the nonlinear bending of parallel strand bamboo beams [J]. Construction and Building Materials, 2013, 44: 585-592.

[2-41] Huang D S, Bian Y L, Zhou A P, et al. Experimental study on stress-strain relationships and failure mechanisms of parallel strand bamboo made from phyllostachys [J]. Construction and Building Materials, 2015, 77: 130-138.

[2-42] 李海涛，苏靖文，魏冬冬，等. 基于大尺度重组竹试件各向轴压力学性能研究 [J]. 郑州大学学报：工学版，2016，37（2）：67-72.

[2-43] 陈林碧. 酚醛树脂在竹重组材生产过程控制研究 [J]. 安徽农学通报，2015，21（20）：98-101.

[2-44] 龙卫国，杨学兵，王永维，等. 木结构设计手册（第三版）[M]. 北京：中国建筑工业出版社，2005.

[2-45] Gottron J, Harries K A, Xu Q F. Creep behaviour of bamboo [J]. Construction and Building Materials, 2014, 66（1）：79-88.

[2-46] Jayanetti D, Follet P. Bamboo in construction: an introduction [R]. International Network for Bamboo and Rattan（INBAR），1998.

[2-47] Mena J, Vera S, Correal J F, et al. Assessment of fire reaction and fire resistance of guadua angustifolia kunth bamboo [J]. Construction and Building Materials, 2012, 27（1）：60-65.

[2-48] 刘可为，奥利弗·弗里斯. 全球竹建筑概述——趋势和挑战 [J]. 世界建筑，2013（12）：27-34.

[2-49] ASTM D5456-17. Standard specification for evaluation of structural composite lumber products [S]. West Conshohocken: ASTM International, 2017.

[2-50] GB/T 13942.1-2009. 木材耐久性能，第1部分：天然耐腐性实验室试验方法 [S]. 北京：中国标准出版社，2009.

[2-51] GB/T 18261-2013. 防霉剂对木材霉菌及变色菌防治效力的试验方法 [S]. 北京：中国标准出版社，2014.

[2-52] GB/T 13942.2-2009. 木材耐久性能，第2部分：天然耐久性野外试验方法 [S]. 北京：中国标准出版社，2009.

[2-53] 秦莉，于文吉，余养伦. 重组竹材耐腐防霉性能的研究 [J]. 木材工业，2010，24（4）：9-11.

[2-54] 秦莉. 热处理对重组竹材物理力学及耐久性能影响的研究 [D]. 北京：中国林业科学研究院，2010.

[2-55] 魏万姝，覃道春. 不同竹龄慈竹重组材强度和天然耐久性比较 [J]. 南京林业大学学报：自然科学版，2011，35（6）：111-115.

[2-56] 张亚慧，祝荣先，于文吉，等. 户外用竹基纤维复合材料加速老化耐久性评价 [J].

木材工业，2012，26（5）：6-8.

[2-57] 陈杰. Glubam胶合竹材的耐久性能及环保性能试验研究［D］. 长沙：湖南大学，2012.

[2-58] 张禄晟，覃道春，任红玲，等. 防腐后处理工艺对竹集成材耐久性的影响［J］. 林产工业，2013，40（5）：55-57.

[2-59] 周泉，佘立永，肖岩，等. 装配式竹结构房屋受火试验研究与模拟分析［J］. 建筑结构学报，2011，32（7）：60-65.

[2-60] 马健. 现代竹结构房屋的火灾安全性能研究［D］. 长沙：湖南大学，2011.

[2-61] 钟永，温留来，周海宾. 竹层积材在高温中和高温后的抗弯性能研究［J］. 建筑材料学报，2014，17（6）：1115-1120.

[2-62] 向金华. 重组竹高温下基本性能试验研究［D］. 南京：东南大学，2016.

[2-63] Shah D, Bock M, Mulligan H, et al. Thermal conductivity of engineered bamboo composites［J］. Journal of Materials Science, 2016, 51（6）: 2991-3002.

[2-64] Zhong Y, Ren H Q, Jiang Z H. Effects of temperature on the compressive strength parallel to the grain of bamboo scrimbe［J］. Materials, 2016, 9（6）: 436.

[2-65] Xu M, Cui Z, Chen Z, et al. Experimental study on compressive and tensile properties of a bamboo scrimber at elevated temperatures［J］. Construction and Building Materials, 2017, 151: 732-741.

[2-66] Xu Q F, Chen L Z, Harries K A, et al. Combustion performance of engineered bamboo from cone calorimeter tests［J］. European Journal of Wood and Wood Products, 2017, 75（2）: 161-173.

[2-67] 蒋身学. 我国竹地板的发展现状和趋势［J］. 中国人造板，2007，14（2）：39，41.

[2-68] 张勤丽. 我国竹地板产业现状及发展趋势［J］. 林产工业，2013，40（3）：3-6.

[2-69] Trade overview 2016: bamboo and rattan products in the international market［R］. International Network for Bamboo and Rattan（INBAR），2018.

[2-70] 黄志伟，关明杰. 竹地板燃烧特性的锥形量热仪分析［J］. 西南大学学报（自然科学版），2017，39（6）：187-192.

[2-71] 张文福，王进，王戈，等. 不同类型竹地板物理力学性能对比分析［J］. 林业机械与木工设备，2015（5）：14-16.

[2-72] 邓健超，陈复明，王戈，等. 竹地板表面漆处理的耐水耐磨性能研究［J］. 林产工业，2014，41（2）：50-52.

[2-73] 索美玲. 室外用重竹地板耐老化性能的研究［D］. 南京：南京林业大学，2008.

[2-74] 游茜，万千，宋莎莎. 竹装饰材在室内设计中的应用方法研究［J］. 世界竹藤通讯，2017，15（3）：14-18.

[2-75] Chung K, Yu W. Mechanical properties of structural bamboo for bamboo scaffoldings［J］. Engineering Structures, 2002, 24（4）: 429-442.

[2-76] Yu W, Chung K, Chan S. Column buckling of structural bamboo［J］. Engineering Structures, 2003, 25（6）: 755-768.

[2-77] Yu W, Chung K, Chan S. Axial buckling of bamboo columns in bamboo scaffolds［J］. Engineering Structures, 2005, 27（1）: 61-73.

[2-78] 胡松林. 竹筋混凝土板的初步研究［J］. 哈尔滨工业大学学报，1956，10（1）：3-24.

[2-79] 胡杏芳. 竹材的防水处理（竹筋混凝土中竹材的防水处理）[J]. 同济大学学报，1957，4（1）：185-192.

[2-80] JTJ025-86.公路桥涵钢结构及木结构设计规范 [S]. 北京：人民交通出版社，1986.

[2-81] 王慧英，赵卫锋，补国斌. 竹筋混凝土技术在建筑结构中的应用 [J]. 建筑技术，2012，43（7）：605-607.

[2-82] Ghavami K. Ultimate load behaviour of bamboo-reinforced lightweight concrete beams [J]. Cement and Concrete Composites, 1995, 17（4）: 281-288.

[2-83] 李大黑. 竹筋混凝土构件不宜用于承重结构 [J]. 建筑技术，1986，4（1）：52-53.

[2-84] 国家建设委员会关于暂时停止采用竹筋混凝土的通知 [J]. 中华人民共和国国务院公报，1957（19）：354-355.

[2-85] Schneider N, Pang W, Gu M. Application of bamboo for flexural and shear reinforcement in concrete beams [C]. Structures Congress 2014, American Society of Civil Engineers, Boston, Massachusetts, United States, 2014: 1025-1035.

[2-86] Korde C, West R, Gupta A, et al. Laterally restrained bamboo concrete composite arch under uniformly distributed loading [J]. Journal of Structural Engineering, ASCE, 2015, 141（3）: B4014005.

[2-87] Janssen J. Designing and building with bamboo [R]. International Network for Bamboo and Rattan（INBAR），2000.

[2-88] Moroz J, Lissel S, Hagel M. Performance of bamboo reinforced concrete masonry shear walls [J]. Construction and Building Materials, 2014, 61（1）: 125-137.

[2-89] Lyer S. Guidelines for building bamboo-reinforced masonry in earthquake-prone areas in India [D]. California: University of Southern California, 2002.

[2-90] 吕韬. 高填方土质边坡中竹筋的研究与实践 [D]. 重庆：重庆大学，2007.

[2-91] 党发宁，刘海伟，王学武. 竹子作为抗拉筋材加固软土路堤的应用研究 [J]. 岩土工程学报，2013,35（S2）：44-48.

[2-92] 刘海伟. 抗拉竹筋运用于土体加固工程的可行性研究 [D]. 西安：西安理工大学，2011.

[2-93] Dai Z, Chen Y, Zheng G, et al. Numerical analysis on the mechanism of bamboo soil nails and bamboo piles in rows for retaining deep foundation pit [C]. GeoShanghai International Congress: Tunneling and Underground Construction, American Society of Civil Engineers（ASCE），Shanghai, China, 2014: 720-730.

[2-94] 许清风，陈建飞，李向民. 粘贴竹片加固木梁的研究 [J]. 四川大学学报（工程科学版），2012，44（1）：36-42.

[2-95] 朱雷，许清风，陈建飞. 粘贴竹片加固混凝土梁的试验研究 [J]. 结构工程师，2012，28（3）：141-146.

[2-96] Bhattacharya S, Nayak S, Dutta S. A critical review of retrofitting methods for unreinforced masonry structures [J]. International Journal of Disaster Risk Reduction, 2014, 7（1）: 51-67.

[2-97] Feng P, Zhang Y, Bai Y, et al. Combination of bamboo filling and FRP wrapping to strengthen steel members in compression [J]. Journal of Composites for Construction, 2013, 17（3）: 347-356.

3

第3章
不同形式竹建筑的
发展历程和研究现
状

昭君博物馆
（图片来源：中国建筑设计研究院有限公司）

本章主要介绍圆竹结构建筑和工程竹结构建筑的发展历程和研究现状。

3.1 圆竹结构建筑

3.1.1 圆竹结构建筑的发展历程

圆竹结构建筑具有悠久的历史，在距今约7000年的河姆渡遗址，我们的祖先就开始利用圆竹和其他天然材料一起修建房屋。直到今天，许多国家的人们还仍然保留着居住在传统圆竹建筑中的习惯，比如哥伦比亚的Bahareque竹屋（图3-1a）、厄瓜多尔的Quincha竹屋（图3-1b）、埃塞俄比亚的Sidama竹屋（图3-1c）和中国的干栏式竹屋（图3-1d）等[3-1]。传统圆竹结构建筑多数没有建筑师和工程师参与设计和建造，都是当地人根据祖辈传下来的经验进行搭建。

图3-1　全球的传统圆竹建筑

（图片来源：图d由黄文昆拍摄，其余照片由INBAR提供）

但是，随着现代建造工艺的不断提升和现代建筑理论体系的逐渐完善，人们迫切需要运用现代建造技术来巩固传统技艺的传承。从20世纪70年代开始，有建筑师参与设计和建造的现代圆竹结构建筑得到了空前的发展。以哥伦

（a）哥伦比亚Bahareque竹屋

（b）厄瓜多尔Quincha竹屋

（c）埃塞俄比亚Sidama竹屋

（d）中国干栏式竹屋

比亚Simón Veléz为代表的一批优秀的建筑师，利用向竹秆内灌注水泥砂浆并使用螺栓等金属连接件进行锚固的方式代替传统节点的绑扎工艺，不仅解决了圆竹中空节点的受力问题，而且突破了传统圆竹结构建筑节点强度低的技术壁垒，使得圆竹结构的应用范围大大扩展，可以建造更为大型的公共建筑[3-1]，这也开启了现代圆竹结构建筑发展的新篇章。

然而在之后的很长时间里，关于现代圆竹结构建筑的设计建造理论体系并没有开始建立。直到1999年，当哥伦比亚咖啡产区发生了里氏6.4级地震时，人们发现该地区许多传统的Bahareque竹屋得以幸存，而在未能幸免于难的1000人中，大多数则是由于混凝土结构的倒塌和坠落物所致。于是，哥伦比亚抗震协会（Colombian Earthquake Engineering Association, AIS）就此展开了针对Bahareque竹屋抗震性能的研究，并开展了一系列的试验工作。之后的几年时间里，在AIS的努力下，哥伦比亚在其2002年发布的《NSR-98（AIS 2002）：抗震设计和建筑标准》[NSR-98（AIS 2002）：Normas Colombianas De Diseno Y Construccion Sismo Resistente] 中增加了新的一章：一到两层的Bahareque竹屋（Casas de Uno y Dos Pisos en Baharaque Encementado）[3-2]。之后，国际标准化组织（ISO）在2004年发布了全球首个竹结构设计标准《Bamboo-Structural Design》ISO22156:2004，哥伦比亚借鉴并采纳了部分国际标准的内容，并于2010年发布了新的哥伦比亚抗震设计和建筑标准NSR-10（AIS2010）[3-3]，其中包含了新的一章：瓜多竹结构（Estructuras De Guadua）。至此，哥伦比亚成为全世界第一个将圆竹结构设计纳入国家标准的国家，这也大大地推动了整个拉美地区圆竹结构建筑的发展。之后，除哥伦比亚外，巴拿马、秘鲁、牙买加、墨西哥、巴西和厄瓜多尔等国也出现了大量的圆竹结构建筑，比如教堂（图3-2a）、教学楼（图3-2b）、交通收费站（图3-2c）、人行桥梁（图3-2d）、纪念舞台（图3-2e）、酒店（图3-2f）、美术馆（图3-2g）、展厅（图3-2h）、文化中心（图3-2i）及图书馆（图3-2j）等。

在同样适合竹子生长的亚洲地区，近二十年也涌现了一批优秀的圆竹结构建筑作品，如印度尼西亚的绿色学校（图3-3）、绿色村庄（图3-4）和OBI大会堂（图3-5），泰国的生态儿童活动和教育中心（图3-6a和图3-6b）、竹子体育馆（图3-6c和图3-6d），以及越南纳曼度假村等（图3-7）。

自古以来，中国南方少数民族都有居住在传统圆竹建筑里的习惯，比如云南傣族的干栏式竹屋。但是，自20世纪80年代起，由于中国经济的快速发展，人们开始崇尚现代的建筑材料（砖、混凝土和钢材等）和建筑形式，许多传统的

图3-2 拉丁美洲圆竹结构建筑案例

（图片来源：图a、图e、图f和图g由Simón Veléz Architects提供；图b由王戈拍摄；图c和图d由刘可为拍摄；图h、图i和图j由Pablo Jacome拍摄）

（a）哥伦比亚佩雷拉教堂

（b）哥伦比亚教学楼

（c）哥伦比亚交通收费站

（d）哥伦比亚Jenny Garzon圆竹桥梁

（e）牙买加Bob-Marley纪念舞台

（f）巴拿马酒店

（g）墨西哥游牧美术馆

（h）秘鲁Las Voces公园展厅

图3-2 （续）

（i）巴西Max Feffer 文化中心   （j）厄瓜多尔图书馆

图3-3　印度尼西亚绿色学校

（摄影：Hans Friederich）

图3-4　印度尼西亚绿色村庄

（摄影：Hans Friederich）

图3-5 位于印度尼西亚爪哇岛OBI大会堂

（图片来源：Andry Widyowijatnoko）

图3-6 泰国圆竹
结构建筑案例

（图片来源：图a和
图b是2010年上海
世博会国际竹藤组
织国际竹藤产品设
计竞赛二等奖获奖
作品，由Olav Bruin
提供；图c和图d由
Markus Roselieb
提供）

（a）泰国生态儿童活动和教育中心　　（b）泰国生态儿童活动和教育中心

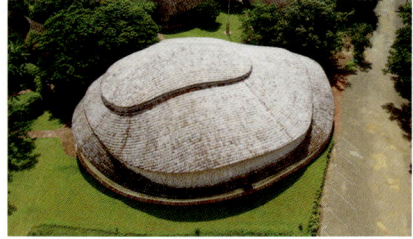

（c）竹子体育馆　　　　　　　　　（d）竹子体育馆

图3-7 越南纳曼
度假村

（摄影：蔡卫）

　　竹建筑村落快速地被砖混或者钢筋混凝土建筑所取代，使得中国圆竹建筑的研究
和发展在很长时间内基本停滞。直到2000年后，随着可持续发展理念和国际交
流的不断深入，许多国际建筑师有意识地将"竹"与东方文化联系起来，并在中
国开展了许多有关圆竹建筑的实践项目，圆竹建筑材料才重新回到国人的视线。

　　2006年，中国广东省惠州南昆山生态旅游区开始着手修建十字水生态度
假村，项目邀请了包括Simón Veléz在内的多名国际设计师参与设计。Simón利

用哥伦比亚的圆竹建造技术修建了一座特别的竹廊桥（图3-8a和图3-8b）。竹廊桥的建造选用南昆山原生毛竹作为材料，以中国传统的瓦片做顶。除此之外还有很多以竹子为主要原料建造的建筑（图3-8c和图3-8d），如竹廊、临溪茶室、观景台、竹制长廊和竹别墅等。

2010年，上海世博会同样聚集了一大批国际知名的建筑师。共有9个场馆融入了竹元素，其中不乏多个大型场馆。其中，印度馆[3-4]（图3-9）建造了世界上最大的竹穹顶，直径35m、高18m。穹顶由36根1/4圆弧状的竹肋组成，每根竹肋由9根直径100mm毛竹呈三角状截面排列，共用了500多根竹子，竹材用量达到41t。而上海世博会德中同行馆（图3-10），这座覆膜全竹结构的建筑造型新颖，不仅将圆竹的优美和典雅充分展现出来，也将现代工艺的竹集成材运用于建筑中。展馆外部两层高的支撑结构全部采用圆竹（中国云南的巨龙竹），长8m，竹龄大于4年，平均直径20cm，且所有竹材在建造之前均经过特殊防火处理并通过了相应的防火测试[3-5]。其金属连接节点设计精湛，一端被预埋在填充了水泥砂浆的竹筒中，另一端通过螺栓和其他构件相连。在建筑内部，8榀

图3-8　广东昆山生态旅游区十字水生态度假村（摄影：靳永志）

（a）竹廊桥

（b）竹廊桥

（c）竹建筑

（d）竹建筑

图3-9　上海世博
会印度馆

（图片来源：中国
京冶工程技术有限
公司）

图3-10　上海世
博会德中同行馆

（图片来源：Markus
Heinsdorff）

组合式的门字形竹集成材支架平行排列，组成了整个二层楼板的支撑结构。该建筑首次成功地将先进的预制装配技术运用在了整个建造过程中，实现了工厂预制、现场组装，且无损拆卸的模式[3-1]，该展馆于2017年最终落户中国杭州。

2016年9月，首届国际竹建筑双年展（简称双年展）在中国浙江省龙泉宝溪村举行，由中国艺术家葛千涛和美国建筑师乔治·国广（George Kunihiro）联合策展，邀请了国内外11位知名建筑师建造了18座风格迥异的竹建筑，完美地诠释了"场所精神·乡土建设"的策展主题。双年展以"在地"的方式，以村落为载体，以"竹"为主题，采用当地的夯土、垒石和瓷片等自然材料，以原住民所熟悉的"低技术"开启了民智，探索出了一条中国乡村可持续发展路径[3-6]。由越南建筑师武重义设计的接待中心（图3-11a）是一座两层的圆竹结构建筑，31榀竹桁架按轴线排列构成主体受力结构，每个竹桁架由一束圆竹秆组成；意大利建筑师马儒骁（Mauricio Cardenas Laverde）设计的低能耗示范竹屋（图3-11b），又一次将装配预制化的概念应用到了圆竹结构中，巧妙设计的金属节点将三个方向的圆竹柱或梁连接在一起；中国建筑师杨旭设计的竹旅馆（花间和水间）（图3-11c和图3-11d）将竹子与宝溪当地的夯土和青瓷匣钵结合在一起，创造出独特的本土建筑艺术。

　　双年展是一次革命性的"在地"实践，它所构成的现象学、社会学和生态文化价值表现了艺术人文介入乡村释放生产力的无限可能性，也是"场所精神"的最好诠释。建筑艺术介入使"在地"的生产资料、生产方式和生产力得到了很好的转换与升级，返乡、创业、烧龙窑和开民宿如今已成为双年展所在

图3-11　国际竹建筑双年展案例

（图片来源：千涛工作室）

（a）接待中心

（b）低能耗生态竹屋

（c）竹旅馆（水间）

（d）竹旅馆（花间）

地宝溪乡溪头村的内生动力。昔日名不见经传的小村庄，如今已成为远近闻名的乡村旅游目的地，并成功地创建了以溪头村为核心区域的宝溪国家4A级旅游景区。2017年，宝溪乡共接待国内外游客20多万人次，各项旅游收入达3500万元。2018年，宝溪乡溪头村入选"中国十家最美森林人家"。2019年，宝溪乡被命名为"省级旅游风情小镇"。宝溪如今已成为中国乡村最有魅力的艺术风景线，向世人展示着人与自然、人与环境，以及人与建筑之间的交互关系[3-6]。

随着国际化力量的影响，近些年越来越多的中国建筑师开始重新思考和尝试这种传统的本土材料，试图寻找遗失的传统技艺和文化。2016年，由崔愷院士担任建筑师的江苏昆山昆曲学社（图3-12a），在尊重原有民宅院落格局的基础上，尽量利用本土竹材料，将圆竹的张力和韵律与昆曲表演巧妙结合。2017年，中国安徽尚村竹篷乡堂项目探索了一条传统村落保护的可持续发展路径。建筑师宋晔皓团队选择竹子作为建筑的主体材料，巧妙地设计了"六把竹伞"和"三组乌篷"（图3-12b），建构出一处乡民与游客可共享的竹篷。2017年，浙江上虞禁山古窑遗址展陈竹廊也以圆竹作为青瓷窑址保护与展示大棚的主体材料，建筑师仲德崑将2000年前的青瓷龙窑与自然完美结合，创造了隐于山林、和谐共生的建筑语境（图3-12c）。2017年和2018年，清华大学团队分别在重庆渝北区兴隆镇小五村一心桥和重庆渝北区兴隆镇杜家村一心

图3-12 中国圆竹结构建筑案例

（图片来源：图a由中国建筑设计研究院有限公司提供；图b由SUP素朴建筑工作室提供；图c由安吉竹境竹业科技有限公司提供；图d由清华大学提供）

（a）江苏昆山西浜村昆曲学社

（b）安徽尚村竹篷乡堂

（c）浙江上虞禁山古窑遗址展陈竹廊

（d）重庆渝北区兴隆镇杜家村一心桥

图3-13 2019年
中国北京世界园
艺博览会国际竹
藤组织园
（摄影：靳永志）

桥（图3-12d）修建了两座圆竹桥梁，跨度分别为13.5m和21m，用于解决当地常年缺乏安全渡河设施的难题。

　　2019年中国北京世界园艺博览会也有两个园区选择圆竹作为场馆的结构材，包括一个大型场馆和一个室外景观，造型十分别致新颖，充分展现了中国当代竹建筑的建筑艺术和建造技术水平。图3-13为国际竹藤组织园，占地面积约3100m²，其中展馆建筑面积约1200m²，室外绿化景观面积约2400m²（含馆顶绿化）。主结构为9个巨大的毛竹竹拱，展馆空间精心隐匿于竹拱撑起的绿色花园之下，花园绿地沿拱脚向屋顶蔓延，渐渐消隐。建筑和景观相互交织，在大地上形成了一个起伏生动的有机整体。图3-14为联合国教科文组织展园，一个呈抛物线状的景观展廊由巨大的圆竹构件相互交错支撑，形成了一个具有一定高度的复杂空间几何体。被竹子环绕的花园，代表着一个将由年轻游客来种植的地球空间，随着时间的推移，它将变成一个郁郁葱葱的景观[3-6]。

图3-14 2019年
中国北京世界园
艺博览会联合国
教科文组织展园
（摄影：Nicolas
Godelet）

　　以上的这些圆竹结构建筑应用的案例都会在第6章中进行详细介绍。

3.1.2　圆竹结构建筑的研究现状

在圆竹结构建筑中，节点连接至关重要。常见节点连接形式有：棕绳捆绑、穿斗式节点、螺栓连接、钢板连接和套筒连接[3-7]。棕绳捆绑节点易松弛、腐烂，并且承载力较低；穿斗式节点处竹子易发生劈裂。因此，在现代竹建筑中不宜采用这两种连接形式。螺栓连接是利用螺栓、钢筋挂钩、卡扣、金属箍等将竹子连接成整体，为保证节点刚度和稳定性，常在节点区域的圆竹空腔内进行水泥砂浆灌注。螺栓连接节点牢固，同时能防虫、防水和抗劈裂。当多根竹子汇集于一点时，可利用螺栓、金属垫圈、铁箍等将每根竹子与中心钢构件上的钻孔钢板连接形成钢板连接节点。当多根竹子交于一点时，还可采用套筒连接，即将套筒内嵌或外套于圆竹端部，套筒则可以任意角度与中心构件连接。Albermani等[3-8]研究了新型树脂套筒和中心构件，圆竹端部采用灌浆与套筒固定，避免了连接时在竹子两端打孔，减少了端部发生劈裂破坏的概率，为建造圆竹桁架结构提供了便利。在这些常见节点中，大都需要采用钢材和混凝土等材料进行辅助。如何仅利用竹材制作新型高强节点从而建造全竹建筑，是目前的研究热点之一。而3D打印技术的出现可能会为新型全竹高强节点和新型竹结构体系的发展提供一条新的途径。图3-15为2019年3月在联合国环境大会期间展示的竹构，该竹构由美国耶鲁大学团队研发，由竹材粉末与玉米淀粉混合经3D打印而成。并且，为了测试该竹构的性能，研究人员将其置于美国佛罗里达州的三次飓风中，该竹构均表现出了优良的抗风性能。

此外，针对圆竹的构件和体系研究也十分重要。为研究圆竹门架在水平荷载作用下的性能，Sharma等[3-9]设计了大尺寸圆竹门架的水平推覆试验和圆竹柱抗水平荷载试验，圆竹柱与混凝土底座之间采用钢筋锚固。结果表明，柱底连接介于固接和铰接之间，钢筋在圆竹内灌浆锚固段长度对承载力有显著影响，并且由于圆竹柱底的转角过大，实际的表观模量仅为理论值的20%。Richard等[3-10]对圆竹柱受压时的屈曲破坏开展了试验研究。研究表明，竹身天然的微弱曲度会对单竹柱的承载力有影响；多竹柱受压时，在承载力最弱的圆竹破坏后，截面会发生应力重分布，因此多竹柱的表观抗弯模量更接近所有单根竹的抗弯模量之和，柱的屈曲强度仅与圆竹的数量有关。Eells等[3-11]研究了一种圆竹网壳体系，可以快速搭建，在灾害发生时可作为紧急避难场所。相比纤维复合材料制成的网壳结构，圆竹网壳对自然生态环境的影响最小。

图3-15 2019年
联合国环境大会
（UNEA）展示的
3D打印竹构

（摄影：Borja De La
Peña Escardó ）

3.1.3 圆竹结构建筑小结

总的来说，目前中国现代圆竹结构建筑还处于起步阶段。虽然，越来越多的中国建筑师开始使用这种自然材料，但绝大多数的建筑师和结构工程师对诸如木材、竹材和夯土等许多天然材料及其建造技术都缺少必要的了解。因此，提高国内专业人员对圆竹建材的认知是发展圆竹结构建筑的必要途径。另一方面，对普通消费者来说，大家对竹建筑的印象还停留在传统建造技艺所修建的竹房，并不了解现代圆竹建筑也可以造型时尚、环境舒适且安全可靠，完全可以满足现代工作和生活的需求。因此，通过典型案例的宣传以提高公众意识十分必要。此外，中国还需要尽快建立起适合中国建筑用竹种的设计建造理论体系和建造技术。一方面可借鉴哥伦比亚在圆竹建筑方面的经验，另一方面还需针对中国建筑用竹种系统性地开展研究，为中国圆竹建筑的设计和建造理论体系提供可靠的基础数据。

3.2 工程竹结构建筑

3.2.1 工程竹结构建筑的发展历程

1. 永久性建筑和桥梁

20世纪70年代末，中国就开始从事改性工程竹材的研究和生产，但起初都是针对非结构用工程竹材。从20世纪90年代开始，中国的材料学家们逐渐将其拓展到结构用工程竹材的范畴。但是直到2004年，工程竹材才首次作为结构材运用到实际工程中。国际竹藤组织、中国林科院木材工业研究所和中国建筑科学研究院合作，在云南省屏边县修建了一座小学校舍（图3-16a），8榀跨度大于6m的屋架由竹集成材制成，而屋面板和内外墙板均为竹胶合板[3-12]。在此项目的基础上，2006—2007年，国际竹藤组织、中国林科院木材工业研究所和北京市建筑设计研究院合作，第一次在北京昌平南口建造了全竹结构示范房，其主体结构采用框架结构，构件均采用竹篾层积材制作（图3-16b）。

之后，更多的高校和机构加入了工程竹结构建筑研究和应用的行列。2007年，湖南大学现代竹木及组合结构研究所在湖南大学校园内建造了首座现代竹结构别墅样板房，其结构体系采用轻型胶合竹结构框架体系，材料均采用Glubam。墙体中填充了岩棉等保温材料，外墙面利用水泥砂浆覆面以延长房屋的使用寿命[3-13]。2008年"5·12"汶川地震后，南京林业大学和东南大学联合开发了现代竹结构抗震安居房（图3-17a）。该安居房采用梁、柱加搁栅、墙骨柱结构受力体系。楼面和屋面均采用竹胶合板，所有结构构件采用竹集成材或重组竹。墙体根据保温、隔热要求采用双层竹胶合板墙板[3-14]。2009年，国际竹藤组织与湖南大学合作，在美国布莱蒙基金的资助下，在北京紫竹院公园内将轻型竹框架结构体系的设计、制造和施工模块化。所有构件均在长沙加工，运至施工现场后进行拼装，7个工人在8天内完成主体结构的施工，1个月内完成全部装修并交付使用，如图3-17b所示。之后，湖南大学团队将轻型胶合竹结构框架体系运用到多个项目中，如湖南耒阳蔡伦竹海竹结构别墅（2009年）、当代万国城MOMA样板竹结构展示间（2010年）、梅溪湖环湖公建7号小品竹木结构工程（2012年）等[3-13]。2017年，南京林业大学团队在南京林业大学白马小区利用竹集成材修建了

图3-16 云南屏边小学和北京南口工程竹结构案例

（图片来源：图a由中国林科院提供；图b由INBAR提供）

（a）云南省屏边县小学校舍　　（b）北京南口竹示范房

图3-17 南京林业大学和北京紫竹院工程竹结构案例

（图片来源：图a由南京林业大学提供；图b由刘可为拍摄）

（a）南京林业大学示范房　　　　　　（b）北京紫竹院竹结构茶室

一栋三层的示范房（图3-18），其结构形式采用框架结构。此外，自2006年开始宁波大学便开始了关于钢—竹组合结构的研究，包括钢—竹组合楼板、组合墙体、组合梁、组合柱等钢—竹组合构件性能的研究及其样板房的建造工作[3-15], [3-16]。

图3-18　南京林业大学示范房

（图片来源：南京林业大学生物质材料国家工程研究中心）

　　除了将工程竹材应用于建筑以外，中国的科研团队还将其扩展到了桥梁领域。2006年，湖南大学团队在湖大校内设计和建造了世界上首座胶合竹结构人行天桥（图3-19a）。桥长5.0m、净宽1.5m。2007年，由湖南大学与耒阳市农业综合开发办合作，修建了世界首座可通行载重卡车的现代竹结构桥梁（图3-19b和图3-19c）。桥面净宽3.5m，采用9根10m长的竹梁，竹梁之间的横隔板也是竹材，全部采用螺栓连接。该桥在2008年11月10日被美国著名科技杂志《科技新时代》（Popular Science）评为"2008年度最佳工程创新奖"[3-13]。2015年6月，国际竹藤中心、重庆交通大学与茅以升基金会合作，在重庆市石柱县六塘乡修建了一座跨度12m胶合竹示范公益桥（图3-19d），极大地便利了当地居民的生活。整座人行桥是根据《城市人行天桥与人行地道技术规范》CJJ 69—95设计，桥面宽度：全宽3.0m，净宽2.5m，

（a）湖南大学竹制人行天桥　　　　　　　　（b）湖南耒阳可通行载重卡车的竹桥

（c）湖南耒阳可通行载重卡车的竹桥　　　　（d）石柱县六塘茅以升公益桥

图3-19　工程竹材在桥梁领域应用案例

（图片来源：图d由国际竹藤中心提供，其余由湖南大学提供）

设计年限20年。

　　除了以上高校所参与的科研以外，2016年成立的国家林业局竹缠绕复合材料工程技术研究中心展开了竹缠绕复合管（图3-20a）和竹缠绕复合管廊（图3-20b）的研究工作。并且，利用竹材和秸秆为基本材料，生物废弃物为填充材料，采用缠绕工艺制成了竹缠绕整体组合式民用建筑（图3-20c）。

　　除了以上工程竹结构建筑的研究项目以外，随着建筑师们对工程竹材认识的加深，近年来部分商业建筑项目也开始采用工程竹材作为建筑用结构材或者室外景观用结构材。建筑师李道德在四川省甘孜藏族自治州泸定县蒲麦地村牛背山的一个改造项目中，采用数字化的设计方法和生成逻辑，利用由四川本地盛产的慈竹所生产的重组竹，创造出了一个有机形态屋顶的青年旅社，与背后的大山、云海相呼应（图3-21a）。建筑师曹晓昕在昭君博物馆新馆（图3-21b）的设计中，试图追溯回归中国古老的土木建构方式，将仿夯土艺术混凝土作为一种新的"土"以及将重组竹作为一种新的"木"来转译古老的传统建构方式，以此表达对古人智慧的尊重。建筑师梁井宇、叶思

图3-20 竹缠绕
复合材料产品
（图片来源：国家
林业局竹缠绕复合
材料工程技术研究
中心）

（a）竹缠绕复合管

（c）竹缠绕整体组合式民用建筑　　　　（b）竹缠绕复合管廊

宇在四川乐至的报国寺禅修中心改扩建项目中（图3-21c），在隋朝建筑的场地遗址上，试图寻找轻型、易于拼接的小型杆件来组成空间网架结构应用于禅堂的大跨度屋面。于是，重组竹材料被加工成了2cm×4cm大小截面的杆件，解决了现场只能依靠人力运输及小型设备的施工难题。建筑师王刚团队在三河大食堂项目（图3-21d）中，大胆地利用重组竹优良的材料性能，创造了17.8m跨度空间的树冠状结构体系，并利用竹结构的优势形成了深达6m的室外挑檐，建造了一个坚固耐用而又轻巧灵活的乡村建筑。在景观用结构材方面，2018年在China House Vision展上，由MAD建筑事物所与汉能集团联手打造的水滴式景观建筑"庭院家"（图3-21e）将薄膜太阳能与竹质结构、户外环境浑然一体，充分体现了科技与自然的完美融合。而2019年中国北京世界园艺博览会上海秦森集团的室外异性竹结构景观（图3-21f）将竹集成材在室外景观方面的应用发挥到了极致。整个设计尊重自然之美，其设计灵感来源于木刨花天然卷曲、高低起伏的三维空间结构，并利用自然的材料进行搭建。结合环境及场地现状，建筑师采用整体化的布局，利用高低错落的曲面，营造出自然美感和空间层次感。这些精彩的案例都将在第6章进行重点介绍。

（a）牛背山青年旅社

（b）昭君博物馆

（c）乐至报国寺禅修中心

（d）三河大食堂

（e）庭院家

（f）2019年中国北京世界园艺博览会上海秦森集团室外景观

2．临时性建筑

工程竹材除了可以建造永久性结构的建筑或者桥梁外，也可用于修建灾后竹质临时板房。在这方面，中国的科研机构和高校也进行了相应的探索。2005年，中国林科院木材工业研究所和国际竹藤组织合作，在北京通县建成了第一栋竹制临时板房。2007年，在北京诚栋集团的技术支持下，中国林科院木材工业研究所和国际竹藤组织将经过技术改良的模块化竹墙板和轻钢框架结合，用于竹质临时板房的建造。2008年汶川地震后，国际竹藤中心以竹胶合板作为内外维护结构的墙体和屋面板，分别援助建造了卧龙灾区（25套）和都江堰地区（20套）竹制临时板房用于受灾居民的安置[3-14]，如图3-22a所示。2008年6月，湖南大学在美国布莱蒙基金的支持下，向四川广

（a）卧龙灾区　　　　　　　　　　　　（b）四川广元北街小学

元北街小学捐赠了超过2000m²的抗震竹制临时安置板房。抗震安置房以竹胶合材为骨架、竹胶合板为覆面板。所有构件均为工厂预制、现场拼装，如图3-22b所示[3-13]。2011年，国际竹藤组织开展了针对普通轻钢临时板房和竹制临时板房的用户调查，并从居住要求、物理环境和运输等方面做出了评估。抗震竹制临时板房在保温、隔声、防火及造价等方面较普通轻钢安置房具有明显的优势[3-17]。

3.2.2　工程竹结构的研究成果

工程竹结构以框架结构和轻型胶合竹结构为主。在工程竹构件力学性能的研究中，以梁的弯曲性能和柱的受压性能研究为主，这是工程竹结构中最基本的两种受力形式。

吕清芳等[3-18]、[3-19]研究了竹材层积材梁的抗弯性能和重组竹柱的受压性能。梁的受弯破坏以底部纤维分层拉断和斜向撕裂为主，这两种破坏有明显的征兆，是理想的破坏形态，梁弯曲时的平截面假定是成立的；重组竹柱轴心受压时有优异的弹性变形恢复能力，这对于构件在地震中保持良好的延性耗能能力及产生较小的震后残余变形有重要意义。肖岩等[3-20]~[3-23]研究了Glubam胶合竹梁柱构件的力学性能，包括不同连接方式、不同叠合方式和指接接头等因素对胶合竹梁抗弯性能的影响，以及胶合竹结构柱的轴心受压性能，给出了梁柱的承载力计算模型、计算方法和破坏准则，并研究了胶合竹梁的疲劳性能。Varela等[3-24]研究了瓜多竹胶合竹板用在木框架剪力墙外侧，与核心木板共同作用抵抗侧向荷载的能力，通过拟静力滞回试验证实胶合竹板用于抗侧力体系时有较好的耗能能力。Sinha等[3-25]研究了胶合竹以及由其胶合成的梁的力学性能，证实集成材胶合竹相较结构常用木材如北美花旗松，有更优的抗拉和抗弯强度。Huang等[3-26]和Zhou等[3-27]研究了5年生毛竹制成的重组竹梁的抗弯性能，比较了取自圆竹不同部位的竹丝制成的重组竹梁的抗弯承载力[3-27]，分析了重组竹梁的弯曲破坏模式，并通过重组竹材实测顺纹抗压和抗拉本构，分析了梁的抗弯承载力。Sharma等[3-28]、[3-29]进行了几种胶合竹制造工艺加工成的胶合竹梁以及重组竹梁的抗弯试验，分析了梁的弯曲破坏过程。李海涛等[3-30]~[3-32]研究了大量以毛竹为原材料制成的集成材胶合竹梁柱的力学性能，通过不同剪跨比下胶合竹简支梁的抗弯试验，证实了梁弯曲时的平截面变形特点；通过不同长细比下胶合竹柱的轴压试验，分析了长细比对抗压承载力和破坏模式的影响，给出了考虑长细比的柱轴压稳定系数；通过不同偏心率下胶合竹柱的压弯试验，分析了柱抗压承载力的偏心距影响系数。

工程竹结构的连接节点与胶合木结构有相近的构造。木结构连接节点的研究可追溯至1928年[3-33]，涉及的影响因素众多，也有较全面的理论基础，如中国现行国家标准《木结构设计标准》GB 50005-2017采用了基于苏联的弹塑性理论，美国NDS规程及欧洲Eurocode 5规程采用了基于Johansen的塑性屈服理论[3-34]。参考木结构的连接方式，在工程竹结构中比较安全可靠易操作的是钢螺栓连接。

对于胶合竹结构的连接节点，费本华等[3-35]试验研究了胶合竹中螺栓连接件的承载力，证实胶合竹中的螺栓连接件具有较高的强度、刚度和延性。杨瑞珍等[3-36]、[3-37]进行了Glubam胶合竹螺栓节点的抗压和单个螺栓抗拉性能试验，分析了螺栓节点在拉压荷载下的破坏模式，建立了受压和受拉特定加载条件下的承载力计算模型。王朝晖等[3-38]通过对称双剪试验研究了竹帘胶合板螺栓连接的抗剪承载力，分析了竹帘胶合板中胶层方向和密度对承载力的影响，并与相同构造的木构件螺栓连接节点的承载力进行了对比，发现竹结构螺栓连接的承载力要大于落叶松螺栓连接，能够达到相关木结构设计规范计算的承载力。冯立[3-34]在总结木结构螺栓节点性能的基础上，分析了螺栓连接原理，将Johansen屈服理论应用到现代竹结构螺栓节点中，建立了Glubam胶合竹为基材的胶合竹螺栓连接抗剪承载力计算公式并进行了框架试验验证。

在重组竹结构的连接节点方面，李霞镇[3-39]研究了端距、主构件厚度、螺栓直径、螺栓间距和数量等因素对螺栓节点承载性能的影响，评价了现代木结构螺栓节点计算公式用于重组竹螺栓连接承载力计算的适用性，并推导了适合重组竹的销槽承压强度和螺栓连接承载力计算公式。周爱萍等[3-40]试验研究了重组竹构件采用钢填板螺栓节点时的顺纹抗拉承载力，以及单个螺栓钢填板连接的抗压能力和变形能力。由于重组竹的硬度大，加工性能差，传统木结构中的节点构造形式如齿连接难以推广，钢填板螺栓连接是一种有效的连接方式。章丛俊等[3-41]进行了竹层积材梁和重组竹柱连接十字形节点的低周反复加载试验，以及工程竹框架整体结构的振动台试验，研究了工程竹框架结构的动力特性、耗能性能、抗震性能，并进行了节点形式的优化。

工程竹结构的节点构造与木结构相近，因此其设计计算方法基本参考木结构节点，并针对工程竹材的材料特性进行了修正和改进。目前，对工程竹构件和节点的设计尚未形成统一的设计理论和计算体系。

3.2.3 工程竹结构建筑小结

总的来说，工程竹结构建筑出现的时间不长，在全世界范围内均处于探索阶段。但是，与圆竹结构建筑产业相比，在中国推动工程竹结构建筑产业的发展相对容易。首先，由于工程竹材的材性与胶合木类似，其研究方法和理论体系基本可以借鉴比较成熟的胶合木结构，因此从研究到应用所需的时间成本相对较短。其次，目前从事工程竹结构建筑研究的机构较多，而且呈逐年上升的趋势。除了相关林业系统的研究机构针对工程竹材的加工工艺和材料性能开展了大量的基础性研究之外，工程建设系统的高校和研究所也十分积极，在构件性能、结构体系、抗震性能、耐久性、防火性能和保温性能等方面也开展了大量的研究工作。第三，对于主流建筑市场和消费者而言，因为工程竹结构建筑的建造方法以及形式更符合现代工业化建筑的要求，所以相对来说比较容易接受。第四，主要木材出口国，诸如加拿大、美国和芬兰等国长期在中国进行大量的宣传和推广活动，近年来中国在木结构建筑推广政策上的力度比较大，一旦木结构形成稳定的市场，工程竹结构建筑也会有一席之地。第五，工程竹材因其非木质品的特性，在保护森林资源、减少木材使用的全球政策背景下较木结构建筑更具有一定的竞争优势。

本章参考文献

[3-1] 刘可为，奥利弗·弗里斯. 全球竹建筑概述——趋势和挑战 [J]. 世界建筑，2013（12）：27-34.

[3-2] Kaminski S, Lawrence A, Trujillo D. Design guide for engineered bahareque housing [R]. International Network for Bamboo and Rattan（INBAR），2016

[3-3] NSR-10（AIS 2010）. Reglamento colombiano de construcciór sismo resistente [S]. Instituto Colombiano de Normas Técnicas y Certificación，2010.

[3-4] 纳依都，刘可为. 印度馆，2010年上海世博会，中国 [J]. 世界建筑，2013（12）：80-85.

[3-5] 李昭君. "德中同行之家"2010世博会全竹结构展馆 [J]. 建筑技艺，2010（ZI）：154-157.

[3-6] 刘可为，葛干涛，宋晔皓. 中国当代竹建筑的生态文明价值 [J]. 生态文明世界，2019（1）：18-33.

[3-7] 张楠，柏文峰. 原竹建筑节点构造分析及改进 [J]. 科学技术与工程，2008，8（18）：5318-5322，5326.

[3-8] Albermani F, Goh G, Chan S. Lightweight bamboo double layer grid system [J]. Engineering Structures, 2007, 29（7）：1499-1506.

[3-9] Sharma B, Mitch D, Harries K A, et al. Pushover behaviour of bamboo portal frame structure [J]. International Wood Products Journal, 2011, 2（1）：20-29.

[3-10] Richard M, Harries K A. Experimental buckling capacity of multiple-culm bamboo columns [C]. 13th International Conference on Non-Conventional Materials and Technologies: Novel Construction Materials and Technologies for Sustainability, Trans Tech Publications Ltd, Changsha, Hunan, China, 2012: 51-62.

[3-11] Eells P, Pagliassotti M, Brown K, et al. Design of a rapidly deployable bamboo gridshell structure [C]. 14th International Conference Non-conventional Materials and Technologies（IC-NOCMAT 2013），Trans Tech Publications Ltd, João Pessoa, Brazil, 2013.

[3-12] 陈绪和，王正. 竹胶合梁制造及在建筑中的应用 [J]. 世界竹藤通讯，2005，3（3）：18-20.

[3-13] 肖岩，单波. 现代竹结构 [M]. 北京：中国建筑工业出版社，2013.

[3-14] 魏洋，吕清芳，张齐生，等. 现代竹结构抗震安居房的设计与施工 [J]. 施工技术，2009，38（11）：52-54.

[3-15] 李玉顺，蒋天元，单炜，等. 钢—竹组合梁柱边节点拟静力试验研究 [J]. 工程力学，2013，30（4）：241-248.

[3-16] 李玉顺，张家亮. 钢—竹组合构件及其结构体系研究进展 [J]. 工业建筑，2016，46（1）：1-6.

[3-17] Frith O B, Liu K W. Engineered modular bamboo transitional shelters for disaster relief: a case study from the 2008 Wenchuan earthquake, Sichuan Province, China [J]. Regional Development Dialogue, 2013, 34（1）：114-131.

［3-18］吕清芳，魏洋，张齐生，等. 新型竹质工程材料抗震房屋基本构件力学性能试验研究［J］. 建材技术与应用，2008，（11）：1-5.

［3-19］魏洋，蒋身学，吕清芳，等. 新型竹梁抗弯性能试验研究［J］. 建筑结构，2010，40（1）：88-91.

［3-20］单波，周泉，肖岩. 现代竹结构人行天桥的研发和建造［J］. 建筑结构，2010，40（1）：92-96.

［3-21］周泉. Glubam胶合竹梁试验研究及工程应用［D］. 长沙：湖南大学，2013.

［3-22］吕小红. Glubam柱轴心受压试验研究及有限元分析［D］. 长沙：湖南大学，2011.

［3-23］肖岩，冯立，吕小红，等. 胶合竹柱轴心受压试验研究［J］. 工业建筑，2015，45（4）：13-17.

［3-24］Varela S, Correal J, Yamin L, et al. Cyclic performance of glued laminated guadua bamboo-sheathed shear walls［J］. Journal of Structural Engineering, 2012, 139（11）: 2028-2037.

［3-25］Sinha A, Way D, Mlasko S. Structural performance of glued laminated bamboo beams［J］. Journal of Structural Engineering, 2013, 140（1）: 04013021.

［3-26］Huang D, Zhou A, Bian Y. Experimental and analytical study on the nonlinear bending of parallel strand bamboo beams［J］. Construction and Building Materials, 2013, 44: 585-592.

［3-27］Zhou A, Bian Y. Experimental study on the flexural performance of parallel strand bamboo beams［J］. The Scientific World Journal, 2014,（2）: 181627.

［3-28］Sharma B, Gatóo A, Ramage M. Effect of processing methods on the mechanical properties of engineered bamboo［J］. Construction and Building Materials, 2015, 83: 95-101.

［3-29］Sharma B, Gatóo A, Bock M, et al. Engineered bamboo for structural applications［J］. Construction and Building Materials, 2015, 81: 66-73.

［3-30］李海涛，苏靖文，张齐生，等. 侧压竹材集成材简支梁力学性能试验研究［J］. 建筑结构学报，2015，36（3）：121-126.

［3-31］Li H T, Su J W, Zhang Q S, et al. Mechanical performance of laminated bamboo column under axial compression［J］. Composites Part B: Engineering, 2015, 79: 374-382.

［3-32］Li H T, Chen G, Zhang Q S, et al. Mechanical properties of laminated bamboo lumber column under radial eccentric compression［J］. Construction and Building Materials, 2016, 121: 644-652.

［3-33］Trayer G. Bearing strength of wood under steel aircraft bolts and washers and other factors influencing fitting design［R］. Washington DC, United States: National Advisory committee for Aeronautics, 1928.

［3-34］冯立. 现代竹木结构螺栓连接节点理论分析及试验研究［D］. 长沙：湖南大学，2015.

［3-35］费本华，张东升，任海青，等. 竹结构材连接件的承载能力［J］. 南京林业大学学报（自然科学版），2008，32（3）：67-70.

［3-36］杨瑞珍. 胶合竹材力学性能及螺栓连接件性能的研究与应用［D］. 长沙：湖南大学，2009.

［3-37］杨瑞珍. Glubam材料的性能研究与应用［D］. 长沙：湖南大学，2013.

［3-38］王朝晖，刘柯珍，任海青. 竹结构材螺栓连接承载性能的试验研究［C］. 2010年海峡两岸材料破坏/断裂学术会议，中国台湾，2010.

［3-39］李霞镇. 重组竹螺栓连接节点承载性能研究［D］. 北京：中国林业科学研究院，2013.

［3-40］周爱萍，黄东升，唐思远，等. 重组竹钢填板螺栓节点承载力试验研究［J］. 南京工业大学学报（自然科学版），2016，38（5）：34-39.

［3-41］章丛俊，吕清芳，曹秀丽. 竹结构关键性能试验研究［J］. 建筑结构，2017，47（17）：1-7.

4

第4章
标准体系和政策法规

ZCB零碳竹亭

（图片来源：香港中文大学）

标准体系和政策法规对于竹建筑产业的发展至关重要，本章将详细介绍这两方面的具体情况。标准体系主要就国际标准机构所发布的与竹建筑相关（竹建筑材料、竹建筑产品及其加工工艺、测试方法、竹结构设计和施工方法等方面）的国际标准以及中国所发布的国家标准、行业标准、地方标准、协会标准和其他标准进行介绍；政策法规主要介绍近十年来中国国家林业和草原局、中国城乡与住房建设部等相关部门所发布的与促进竹建筑产业有关的政策法规。

4.1 标准体系

4.1.1 国际标准[4-1]

自2000年代初以来，国际竹藤组织（INBAR）一直担任国际标准化组织（International Organization for Standardization, ISO）木结构技术委员会（Timber Structure Technical Committee, TC165）的联络机构，并成功领导了一个国际专家组，负责制定了两项国际标准（《竹结构设计》ISO 22156: 2004、《圆竹物理力学性能试验方法——第1部分：要求》ISO 22157-1: 2004）和一项技术报告（《圆竹物理力学性能试验方法——第2部分：实验室手册》ISO/TR 22157-2:2004）。这项工作在全球产生了重大的影响，INBAR的部分成员国，诸如印度、厄瓜多尔、秘鲁和哥伦比亚等国家参考ISO国际标准的内容，发展了自己的国家标准。而另一些国家则直接将ISO标准作为国家标准使用，如牙买加、越南、菲律宾和荷兰等国。

2004年发布的ISO标准在许多方面都是"零版"标准。它们确定了标准的整体框架和基本需求，以便后续在此基础上进行修订。因此，在2004年所发布的ISO标准中，缺乏针对很多关键技术问题的指导说明，譬如连接设计和强度分级等。并且，工程竹材在2000年代初还相对较新，尽管在随后的10年里商业价值快速增长，成功地应用到了很多商业案例中，但是2004年发布的标准尚未涵盖工程竹材的内容。值得一提的是，自2004年版ISO圆竹标准发布以后，各个国家标准的发展有了突破性的进展。其中最重要的标准有两个：一个是哥伦比亚于2010年出版的《NSR-10（AIS 2010）：抗震设计和建筑标准》[NSR-10（AIS 2010）：Normas Colombianas De Diseno Y Construcción Sismo Resistente]中正式纳入了"瓜多竹结构设计"（Estructuras De Guadua）的篇章；另一个是美国材料与试验协会（American Society of Testing Materials, ASTM）于2010年发布的《结构用复合木制品评定的标

准 规 范 》（ ASTM D5456: Standard Specification for Evaluation of Structural Composite Lumber Products），将复合竹木材料纳入了此标准。

尽管2004年这项初步工作产生了很大的影响，但是由于缺乏后续的项目支持，2004年后INBAR没能继续参与ISO国际标准的制修订工作，并且之后ISO也未出版新的有关竹结构的国际标准。直到2013年，在中国政府核心资金的支持下，INBAR与英国考文垂大学以及哥伦比亚、厄瓜多尔的合作伙伴共同发起了一项关于竹子强度分级的研究。该项目获得了ISO/TC 165委员会的许可，并在2014年专门成立了一个新的竹结构工作组（Working Group 12: Structural Use of Bamboo）。该工作组的任务是修订现有的ISO标准，并发展和制定新的国际标准。自2014年成立以来，INBAR一直担任该工作组的召集人。

同样在2014年，为了加强INBAR在竹结构材应用方面的专家伙伴网络关系和国际影响力，INBAR成立了国际竹藤组织竹建筑工作组（INBAR Construction Task Force, INBAR TFC），由来自加拿大、中国、埃塞俄比亚、印度、尼泊尔、秘鲁、英国和美国的11名专家组成。到目前（2019年2月）为止，该工作组已经召集了来自全球18个国家共28位资深的竹建筑专家，包括建筑师、结构工程师、材料学家以及相关专业的科研人员等。于是，在INBAR和INBAR TFC全球竹建筑专家的共同努力下，WG12从2014年开始重新承担国际标准的制修订工作。截至2019年2月，ISO共发布了以下几项标准，见表4-1：

已发布的ISO竹结构相关标准　　　　　　　　　　表4-1

序号	标准代码	标准中英文名称	标准类别
1	ISO 22156：2004	竹结构设计（Bamboo—Structural Design）	国际标准
2	ISO 19624：2018	竹结构——圆竹分级基本原则及其性能（Bamboo Structures—Grading of Bamboo Culm—Basic Principles and Properties）	国际标准
3	ISO 22157：2019	竹结构——圆竹物理力学性能试验方法（Bamboo Structures—Determination of Physical and Mechanical Properties of Bamboo Culms— Test Methods）	国际标准
4	ISO 22157-1：2004（已撤销）	圆竹物理力学性能试验方法——第1部分：要求（Bamboo— Determination of Physical and Mechanical Properties—Part 1：Requirements）	国际标准
5	ISO/TR 22157-2：2004（已撤销）	圆竹物理力学性能试验方法——第2部分：实验室手册（Bamboo— Determination of Physical and Mechanical Properties— Part 2：Laboratory Manual）	国际标准

其中，ISO 22156、ISO 22157-1和ISO/TR 22157-2于2004年出版。2019年1月，ISO发布了新修订的ISO 22157：2019，同时撤销了ISO 22157-1：2004和ISO/TR 22157-2：2004。新修订后的ISO 22157：2019增加了2004年版未包括的两种试验方法，并修订了多项其他试验方法，目的是提高这些试验方法的实用性，促进该标准的进一步使用。同时，WG12决定撤销ISO 22157-2：2004，并建议INBAR将其作为INBAR文件进行修改和完善，以提高其实用性，用以支持 ISO 22157：2019的使用。

2018年9月，ISO发布了另一个新标准ISO 19624：2018，该标准涉及结构用圆竹的分级，该新标准是INBAR资助项目"竹子强度分级"的最终成果。这也是INBAR TFC支持下开发的第一个ISO标准。本标准旨在为全球任何国家或任何地区拟采用分级方法的使用者提供一个技术框架。ISO 19624：2018确定了视觉分级和机械分级标准，并概述了性能或强度值的获得依据。

除了已发布的ISO 19624：2018和ISO 22157：2019外，WG12目前正在修订另一个现有的ISO标准（ISO 22156：2004），并制定两个新标准（NWIP 23478和另一个尚未正式向ISO提议的工程竹产品标准）。具体内容如下所示：

（1）ISO 22156：2004的修订工作

目前，ISO 22156修订工作正在全面展开。修订版将提供基于性能和应力的两种设计方法，并提供细部构造的详细设计或验收方法，特别是节点连接。在整合过去20年全球专家大量研究成果的基础上，修订后的标准将更好地对接ISO 22157、ISO 19624和其他多项ISO标准。该标准目前还处于委员会草案阶段CD 22156。

（2）NWIP23478的编制工作

《竹结构——工程竹材产品——物理力学性能试验方法》NWIP 23478是工程竹材国际标准化工作发展的里程碑。自20世纪90年代以来，工业化生产的工程竹产品逐渐走向了国际市场，近年来越来越多地被用作建筑室内外装饰材料和结构材料，这极大地推动了工程竹产品国际标准化的工作。该新标准将主要制定两种工程竹产品的物理力学试验方法：竹集成材和重组竹。

此外，2016年ISO成立了竹藤技术委员会（ISO/TC 296），秘书处设在国际竹藤中心（International Centre for Bamboo and Rattan,ICBR），其主要开展竹藤和竹藤衍生材料及其应用的标准化工作，包括术语、分类、规范、测试方法和质量要求的标准制定，但不包括已有TC 165所涉及的竹结构系列标准的制定。同年，TC 296成立了专门的竹地板工作组（Working Group 3, Bamboo Flooring），目前正在制定有关竹地板的国际标准。

4.1.2 国家标准、行业标准、地方标准、协会标准及其他标准

截至2018年底，中国共发布竹建材和竹建筑相关标准或规范63项，包括：

（1）国家标准11项（表4-2）；

（2）行业标准37项（表4-3），包括林业行标25项、建筑工业行标5项、铁道运输行标1项、出入境检验检疫行标3项以及其他行标3项，涉及产品术语、机械加工、试验方法、材料、能耗和检验检疫等方面；

（3）地方标准11项（表4-4），其中包括中国香港地区标准（2项）和中国台湾地区标准（1项）；

（4）协会标准4项（表4-5）。

中国现行与竹建筑相关的国家标准　　　　　　　　　　　　　　表4-2

序号	标准代码	标准中文名称	标准类别
1	GB/T 15780—1995	竹材物理力学性质试验方法	国家标准
2	GB/T 13123—2003	竹编胶合板	国家标准
3	GB/T 21128—2007	结构用竹木复合板	国家标准
4	GB/T 21129—2007	竹单板饰面人造板	国家标准
5	GB/T 27649—2011	竹木复合层积地板	国家标准
6	GB/T 26912—2011	竹木复合地板生产线验收通则	国家标准
7	GB/T 30364—2013	重组竹地板	国家标准
8	GB/T 50920—2013	用材竹林工程设计规范	国家标准
9	GB/T 20240—2017	竹集成材地板	国家标准
10	GB/T 36394—2018	竹产品术语	国家标准
11	GB/T 36773—2018	竹制品检疫处理技术规程	国家标准

中国现行与竹建筑相关的行业标准　　　　　　　　　　　　　　表4-3

序号	标准代码	标准中文名称	标准类别
1	LY/T 1316—1999	竹材加工机械型号编制方法	林业行标
2	LY/T 1574—2000	混凝土模板用竹材胶合板	林业行标
3	LY/T 1072—2002	竹篾层积材	林业行标
4	LY/T 1660—2006	竹材人造板术语	林业行标
5	LY/T 1815—2009	非结构用竹集成材	林业行标
6	LY/T 1842—2009	竹材刨花板	林业行标
7	LY/T 1926—2010	抗菌木（竹）质地板　抗菌性能检验方法与抗菌效果	林业行标
8	LY/T 1998—2011	原竹劈条机	林业行标
9	LY/T 1994—2011	多轴竹条铣床	林业行标

序号	标准代码	标准中文名称	标准类别
10	LY/T 2074—2012	竹材胶合板生产综合能耗	林业行标
11	LY/T 2222—2013	刨切竹单板	林业行标
12	LY/T 2225—2013	结构用竹篾层积材	林业行标
13	LY/T 2395—2014	竹材刨花板生产综合能耗	林业行标
14	LY/T 2396—2014	竹木复合板生产综合能耗	林业行标
15	LY/T 5004—2014	竹材胶合板工程设计规范	林业行标
16	LY/T 2551—2015	竹地板生产综合能耗	林业行标
17	LY/T 2564—2015	圆竹物理力学性能试验方法	林业行标
18	LY/T 2565—2015	竹塑复合材料	林业行标
19	LY/T 2608—2016	竹产品分类	林业行标
20	LY/T 2609—2016	旋切竹单板	林业行标
21	LY/T 2614—2016	室内竹质门	林业行标
22	LY/T 2711—2016	单板用竹集成材	林业行标
23	LY/T 2712—2016	竹单板胶合板	林业行标
24	LY/T 2713—2016	竹材饰面木质地板	林业行标
25	LY/T 2905—2017	竹缠绕复合管	林业行标
26	JG/T 156—2004	竹胶合板模板	建筑工业行标
27	JG/T 199—2007	建筑用竹材物理力学性能试验方法	建筑工业行标
28	JGJ 254—2011	建筑施工竹脚手架安全技术规范	建筑工业行标
29	JG/T 428—2014	钢框组合竹胶合板模板	建筑工业行标
30	JG/T 537—2018	建筑及园林景观工程用复合竹材	建筑工业行标
31	SN/T 1815—2006	进出境竹制品检疫规程	检验检疫行业标准
32	SN/T 3275—2012	出口竹制品溴甲烷熏蒸处理规程	检验检疫行业标准
33	SN/T 4250—2015	竹木制品中二氧化硫的测定离子色谱法	检验检疫行业标准
34	CCGF 407.4—2015	竹地板产品质量监督抽查实施规范	国家质量监督检验检疫总局
35	SB/T 11103—2014	木地板企业等级划分规范	商务部行标
36	TB/T 1781—2004	混凝土枕用轨下调高垫板技术条件	铁道运输行标
37	JC/T 2124—2012	混凝土砌块（砖）生产用竹胶托板	工业和信息化部行标

中国现行与竹建筑相关的地方标准 表4-4

序号	标准代码	标准中文名称	标准类别
1	DB35/T 90—1998	竹地板	福建地方标准
	DB43/T 556—2010	主要林产品木竹原料消耗限额标准	湖南地方标准
2	DB43/517—2010	竹·木胶合贴板甲醛释放限量	湖南地方标准
3	DB43/T 642—2011	竹木制品中五氯苯酚含量的测定气相色谱法	湖南地方标准
4	DB33/T 394—2009（2013）	木质地板安装验收规范	浙江地方标准
5	DB33/T 952—2014	重组竹地板单位产品能耗定额及计算方法	浙江地方标准

序号	标准代码	标准中文名称	标准类别
6	DB35/T 1145—2011	竹重组板材	福建地方标准
7	DB34/T 1850—2013	紫竹工艺竹材	安徽地方标准
8	DB34/T 2059—2014	竹木门帘	安徽地方标准
9	2014	Code of Practice for Bamboo Scaffolding Safety（竹棚架工作安全守则）	中国香港地区标准
10	2006	Guidelines on the Design and Construction of Bamboo Scaffolds（竹棚架设计施工指南）	中国香港地区标准
11	CNS 3219—2011	加压注入防腐处理竹材	中国台湾地区标准

中国现行与竹建筑相关的协会标准　　　　　　　　　　表4-5

序号	标准代码	标准中文名称	标准类别
1	CECS 434：2016	圆竹结构建筑技术规范	中国工程建设协会标准
2	CECS 470—2017	竹缠绕复合管道工程技术规程	中国工程建设协会标准
3	T/ZZB 0079—2016	重组竹地板	浙江省浙江制造品牌建设促进会
4	T/CADBM3—2018	竹木纤维集成墙面	中国建筑装饰装修材料协会

除了以上中国发布的所有标准外，在中国香港地区，由香港绿色建筑协会和建筑环保评估协会联合发布的《建筑环境评价方法》（Building Environment Assessment Method，BEAM）将竹材纳入快速可再生建材名录，鼓励设计师多使用此类可再生材料替代高能耗材料，以减少对环境的负面影响。尽管其不属于正式标准的范畴，但是对促进竹建材的使用和竹建筑的发展具有十分积极的意义。

从以上所有中国已发布的标准来看，除了《建筑用竹材物理力学性能试验方法》JG/T 199—2007（建筑工业行标）、《竹棚架设计施工指南》（中国香港地区标准）和《圆竹结构建筑技术规范》（中国工程建设协会标准）以外，其他标准基本都是关于竹建筑相关产品及其加工工艺的标准，不直接属于工程建设类标准的范畴。然而，想要促使竹建筑进入主流建筑市场，必须加快竹建筑工程类标准体系的建立。这里值得一提的是，由上海市建筑科学研究院于2017年开始牵头制定的《工程竹结构设计规程》《工程竹结构施工及质量验收技术规程》和《工程竹结构检测技术规程》，以及由南京林业大学于2018年开始牵头制定的《工程竹材物理力学性能试验方法标准》和《工程竹材》共五项中国工程建设标准化协会标准将对促进中国工程竹结构建筑的发展产生积极的影响。

4.2 政策法规

　　为了缓解木材供应紧张，早在20世纪70年代中期，中国便提出了"以竹代木"的构想。到了80年代和90年代，中国学者们又进一步提出了"竹木复合"的发展理念。但是直到21世纪，中国才发布了明确的政策文件以促进竹建筑及其相关产业的发展。

　　（1）2005年11月，国务院办公厅转发了国家发改委等部门《关于加快推进木材节约和代用工作意见》的通知。文件中"重点环节工作"第四点"发展木材代用，优化木材消费结构"的细则文件中指出："提倡、鼓励生产和使用木材代用品，优先采用经济耐用、可循环利用、对环境友好的绿色木材代用材料及其制品，减少木材的不合理消费。积极发展人造板以及农作物剩余物、竹等资源加工产品替代木材产品，实施环保型代木工程。在城乡建设中优先选用可循环使用的非木质材料，推广使用钢、竹模板和脚手架等非木质施工器材；在林区、牧区推广非木结构建筑；在包装、运输业继续推广塑料、金属、竹材等非木质包装和木塑复合包装……"

　　（2）2013年1月，国家发改委及住房和城乡建设部联合发布了《绿色建筑行动方案》，鼓励大力发展绿色建材，加强绿色建筑相关技术研发推广。

　　（3）2015年8月，工业和信息化部及住房和城乡建设部联合发布了《促进绿色建材生产和应用行动方案》，行动方案中明确指出"鼓励在竹资源丰富地区，发展竹制建材和竹结构建筑。"

　　（4）2015年12月，习近平总书记在中央财办报送的《浙江特色小镇调研报告》上作出重要批示，强调抓特色小镇、小城镇建设大有可为，对经济转型升级、新型城镇化建设，都具有重要意义。

　　（5）2016年2月，在《中共中央国务院关于进一步加强城市规划建设管理工作的若干意见》中又强调发展新型建造方式，鼓励绿色装配式结构的发展，推广绿色建筑和建材。

　　（6）2016年7月1日，住房和城乡建设部、国家发改委、财政部联合发布《住房城乡建设部、国家发展改革委、财政部关于开展特色小镇培育工作的通知》，提出到2020年培育1000个左右各具特色、富有活力的休闲旅游、商贸物流、现代制造、教育科技、传统文化、美丽宜居等特色小镇，引领带动全国小城镇建设，不断提高建设水平和发展质量。

　　（7）2016年9月，国务院办公厅发布了《国务院办公厅关于大力发展装配式建筑的指导意见》，指出"……因地制宜发展装配式混凝土结构、钢结构和现代木结构等装配式建筑。"

（8）2016年10月，住房和城乡建设部《住房城乡建设部关于公布第一批中国特色小镇名单的通知》（建村〔2016〕221号）公布首批127个特色小镇。

（9）2017年3月，住房和城乡建设部下发《"十三五"装配式建筑行动方案》以及配套管理办法等三大文件，明确2020年前全国装配式建筑占新建比例达15%以上，其中重点推进地区需达到20%，这则是目前最为明确的政策指标。

（10）2017年7月7日，国家林业和草原局办公室发布《国家林业局办公室关于开展森林特色小镇建设试点工作的通知》（办场字〔2017〕110号），通知要求在全国国有林场和国有林区林业局范围内开展30个森林特色小镇建设试点工作。

（11）2018年3月，住房和城乡建设部节能与科技司印发2018年工作要点的通知：积极推进建筑信息模型（BIM）技术在装配式建筑中的全过程应用，……开展装配式超低能耗高品质绿色建筑示范。

（12）2019年1月23日，中央全面深化改革委员会第六次会议审议通过了《关于构建市场导向的绿色技术创新体系的指导意见》等重要文件，会议强调：绿色技术创新是绿色发展的重要动力，是打好污染防治攻坚战、推进生态文明建设、促进高质量发展的重要支撑。要以解决资源环境生态突出问题为目标，坚持市场导向，强化绿色引领，加快构建以企业为主体、产学研深度融合、基础设施和服务体系完备、资源配置高效、成果转化顺畅的绿色技术创新体系，推动研究开发、应用推广、产业发展贯通融合。

总的来说，2010年以后，中国在促进绿色建筑产业方面发布的政策较多，这也是全球所倡导的可持续发展理念的一种延伸。竹建筑产业可以从"绿色建材""装配式建筑"和"特色小镇"等几个方面入手，把握政策、抓住市场。

本章参考文献

[4-1] Liu K W, Trujillo D, Harries K, et al. INBAR construction task force-An explorative way for development in the bamboo construction sector [C]. In: Xiao Y, Li Z, Liu K W. (Editors): Engineered & Industrialized Bamboo Structures, by CRC press, Taylor & Francis Group, Sustainable Bamboo Building Materials Symposium of BARC 2018 & 3rd International Conference on Modern Bamboo Structures（3-ICBS-2018），June 25-27, 2018, Beijing, China. (accepted)

5

第5章
相关国际组织、科研机构和生产加工企业

国际竹藤组织总部
（图片来源：INBAR）

本章主要介绍目前在中国致力于推动竹建筑产业发展的国际组织、科研机构以及规模相对比较大的竹建材生产加工企业。在此简要介绍国际组织和各科研机构在竹建筑方向的发展和研究概况，并挑选了部分2010年以后完成的典型示范案例。生产加工企业所涉及的典型（商业）案例在第6章进行单独介绍。

5.1　国际组织

国际竹藤组织（International Bamboo and Rattan Organization, INBAR）（网址：http://www.inbar.int）是第一个将总部设在中国北京的独立的非营利性政府间组织，目前拥有超过40个成员国。自1997年成立以来，INBAR始终致力于推动全球竹藤事业包容绿色发展，促进竹藤在减缓贫困和环境可持续性方面的作用。国际竹藤组织全球竹建筑项目部成立于2006年，已与全球超过20个国家的公共和私营部门展开过合作，开展与竹建筑有关的科学研究、项目示范、标准制定和政策推广等工作，旨在通过促进竹建筑的发展，为全球住房短缺、减缓和适应气候变化，以及促进生计发展提供可持续的解决方案。为了进一步促进全球竹建筑行业的交流和发展，INBAR于2014年成立了国际竹藤组织竹建筑工作组（INBAR Construction Task Force），目前召集了近30位全球竹建筑领域的专家，主要开展国际标准和国家标准的开发、竹建筑相关项目的咨询、竹建筑示范项目的推广以及全球竹建筑相关信息交流等方面的工作。

工程案例：不丹圆竹示范房（2011年）（图5-1a和图5-1b）；厄瓜多尔基多人居村圆竹示范房（2016年）（图5-1c和图5-1d）。

5.2　研究机构

5.2.1　国际竹藤中心

国际竹藤中心（网址：http://www.icbr.ac.cn）是中国唯一以竹藤科学研究为主的国家级科研机构，拥有国际先进水平的科学研究平台，为中国竹藤产业和国际竹藤组织提供技术支撑。主持承担"十五""十一五"和"十二五"国家科技支撑计划、"十三五"国家重点研发计划项目、国家林业行业公益专项、国家自然科学基金、科技部农转化等项目50多项。"竹质工程材料制造关键技术研究与示范"项目获国家科技进步一等奖和科技部"十一五国家科技计划执行优秀团队

（a）不丹圆竹示范房

（b）不丹圆竹示范房

（c）厄瓜尔基多人居村圆竹示范房（d）厄瓜尔基多人居村圆竹示范房

图5-1 国际竹藤组织工程案例

（图片来源：INBAR，图c和图d由刘可为拍摄）

奖"。近五年来，在竹质工程材料开发与应用方面取得了丰硕的成果：开发了竹束单板层积复合材料制造及在装配式建筑中应用关键技术、丛生竹高附加值建筑制品制造关键技术、竹束杨木复合胶合板加工设备及其制造技术、连续长度竹束单板层积材及其大跨度构件制造技术、胶合竹层板及其微弯曲拱梁构件制造关键技术与胶合竹桥梁设计施工等关键技术，研发出连续长度竹束单板层积材、大跨度竹木复合双拼梁构件等新材料和新产品，并在安徽黄山、福建永安、山东青岛和重庆石柱等地开展了相关竹木结构房屋与竹质桥梁的示范工程。

图5-2 国际竹藤中心工程案例

（图片来源：国际竹藤中心）

（a）安徽黄山太平实验基地不同风格的竹木 （b）竹束木单板复合双拼梁
结构房屋示范房

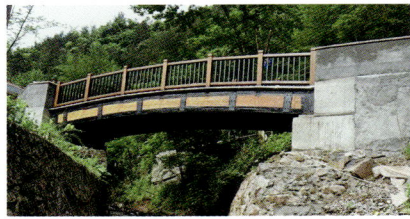

（c）重庆市石柱县六塘茅以升公益桥 （d）福建永安竹质装配式房屋

工程案例：安徽黄山太平实验基地不同风格的竹木结构房屋示范房（2012
年）（图5-2a）；竹束木单板复合双拼梁（2014年）（图5-2b）；重庆市石柱县
六塘茅以升公益桥（2015年）（图5-2c）；福建永安竹质装配式房屋（2017年）
（图5-2d）。

5.2.2　中国林业科学院

中国林业科学研究院木材工业研究所（以下简称木材所）（网址：http://
www.caf.ac.cn）是中国木材科学与技术领域综合性国家级研究机构，同时
为国际林业研究组织联盟团体会员。针对中国丰富的竹材资源，木材所在竹
材解剖构造、竹材物理力学性能评价、竹质工程材料和竹质建筑构件等方面
均进行了系统的研究，采集了33属71种竹材标本，进行了深入的剖析研究，
撰写成《中国主要竹材微观构造》，针对竹材径级小、壁薄中空等特点，突
破了竹青、竹黄难以胶合等瓶颈，开发出了高性能竹基纤维复合材料制造
技术、无甲醛环保型竹质集成材制造技术、竹木复合强化单板层积材制造技
术、竹质结构材防霉防腐技术和全竹结构型材制造技术等具有行业影响力的
多项关键技术，并进行了大规模的推广应用。在此基础上，共制定《竹材物
理力学性质试验方法》GB/T 15780、《结构用竹篾层积材》LY/T 2225等国
家和行业标准17部。

工程案例：中南林业科技大学太阳能圆竹预制示范房屋（2010年）（图
5-3a）；武汉华中科技大学"石榴居"（2012年）（图5-3b）；四川省彭州市白
水河国家级自然保护区宣教中心（2013年）（图5-3c）。

5.2.3　南京林业大学

南京林业大学（网址：http://www.njfu.edu.cn）是国内最早开展现代竹结
构建筑相关研究的科研机构之一。目前，南京林业大学围绕工业化竹材开展的
研究有：工业化竹材（竹集成材、竹重组材和竹编帘材等）的制造工艺、基本
力学性能和耐久性；工业化竹材建筑结构构件（梁、板、柱和节点等）及体系
的力学性能；装配式工业化竹材建筑产业化；工业化竹材同其他可再生生物质
材料复合制造工艺及力学性能等。

5.2.4　清华大学

清华大学（网址：http://www.tsinghua.edu.cn）早在20世纪50年代便开

图5-3 中国林业
科学院工程案例
（图片来源：中国
林业科学院）

（a）太阳能圆竹预制示范房屋

（b）武汉华中科技大学"石榴居"　　（c）白水河国家级自然保护区宣教中心

展过圆竹结构体系的研究，包括对不同跨度不同圆竹结构形式的竹结构屋架的试验研究，圆竹结构在长期荷载下的力学性能试验，竹材亢压强度及抗剪强度受含水率、纹理角度的影响等。目前，清华大学主要从事与圆竹建筑和圆竹桥梁有关的研究，包括其力学性能、结构设计及体系、节点构造、圆竹材加工和耐久性等研究工作。

　　工程案例：重庆渝北区兴隆镇小五村一心桥（2017年）（图5-4a）；重庆渝北区兴隆镇杜家村一心桥（2018年）（图5-4b）。

（a）重庆渝北区兴隆镇小五村一心桥　　　　　　　（b）重庆渝北区兴隆镇杜家村一心桥

图5-4　清华大学
工程案例
（图片来源：清华
大学）

5.2.5　上海市建筑科学研究院

上海市建筑科学研究院（网址：http://www.sribs.com.cn）创建于1958年，是上海市建设行业唯一的综合性科研、开发和技术服务机构，也是建设行业最大的地方性综合研究机构。木竹结构研究室是上海市建筑科学研究院成立之初的六个研究室之一，具有较长的发展历史。目前，上海市建筑科学研究院在竹材和竹结构方面的研究包括：圆竹和工程竹的材料力学性能、工程竹构件连接技术、现代竹结构耐久性机理和提升技术、现代竹结构火灾机理和抗火能力提升技术以及竹材加固技术等，并负责主编中国工程建设标准化协会标准《工程竹结构设计规程》《工程竹结构检测技术规程》和《工程竹结构施工及质量验收技术规程》。

5.2.6　湖南大学

湖南大学（网址：http://www.hnu.edu.cn）现代竹木及组合结构研究所主要针对GluBam为基本材料的现代竹结构展开研究。在材料与构件研究方面，完成了GluBam材料的各项力学指标测试（弹性模量、抗拉、抗压、抗弯和抗剪强度等）以及开展了由GluBam制作的各类构件及组合构件（梁、柱、屋架和墙体等）的试验研究。在结构设计方面，基于现代力学、材料学、结构设计及试验学等理论，开发了新型竹结构体系，建立了工业化生产方法、结构设计、施工以及维护的综合技术。在性能评价方面，开展了保温、隔声、防火和抗震性能方面的测试。

工程案例：梅溪湖体育公园小品（2012年）（图5-5a）；邵阳县旗杆岭农庄工程（2016年）（图5-5b）；万科住宅产业化研究基地竹结构景观桥（2017年）（图5-5c、图5-5d）。

图5-5 湖南大学
工程案例

图5-5 湖南大学
工程案例

（图片来源：湖南
大学）

（a）梅溪湖体育公园小品　　　　　　（b）邵阳县旗杆岭农庄工程

（c）万科住宅产业化研究基地竹结构景观桥（d）万科住宅产业化研究基地竹结构景观桥

5.2.7　东南大学

东南大学（网址：http://www.seu.edu.cn）主要从事有关竹重组材和竹集成材等现代竹质工程材料的研究与应用工作，包括基本受力构件的力学性能测试、竹质抗震安居房的示范及其抗震性能研究、竹材构件的尺寸效应、FRP增强竹构件性能以及装配式竹结构房屋的研究等。

工程案例：南京江宁区周里村竹结构示范工程（2010年）（图5-6）。

图5-6 南京江宁
区周里村竹结构
示范工程

（图片来源：东南
大学）

5.2.8　浙江大学

浙江大学伊利诺联合学院（网址：http://www.intl.zju.edu.cn）生物基材料与结构先进制造实验室（Laboratory of Advanced Manufacture of Bio-based Materials and Structures，LAMBMS）基于现代力学、材料学、实验学以及结构设计理论，致力于在现代建筑信息学网络平台（Internet-based Building Information Platform）上，实现以竹基材料为代表的现代生物质环保材料的建材开发与应用，及其参数化设计、智能制造与模块化装配搭建理论体系的建立和实践。相应的研究涵盖了材料性质、构件性能和建造体系领域。

5.2.9　宁波大学

宁波大学（网址：http://www.nbu.edu.cn）自2006年以来致力于现代竹结构建筑的研究，提出了竹材人造板与冷弯薄壁型钢间通过胶粘剂进行复合构成钢—竹组合构件及其结构体系的概念，已经完成和正在进行的相关研究涵盖钢—竹组合梁、钢—竹组合柱、钢—竹组合楼板、钢—竹组合墙体、钢—竹组合节点以及钢—竹组合整体结构等内容，形成了一定的研究体系。

5.2.10　昆明理工大学

昆明理工大学（网址：http://www.kmust.edu.cn）立足云南省竹资源优势开展了大量竹建筑的研究与实践工作。自2011年以来，先后承担联合国全球环境基金（GEF）项目"西双版纳新型竹楼民居研究与示范"、云南省科技厅社会发展项目"云南民居绿色建筑关键技术研究与示范"、国家科技支撑计划项目子课题"传统村落民居营建工艺产业化应用关键技术研究"、国家重点研发计划子课题"原竹结构体系研究及工程示范"等。在原竹结构和装配式竹墙板等方面取得3项国家发明专利、12项实用新型专利，建成10栋示范竹建筑，建立了装配式墙板竹结构完整的技术体系，装配式竹墙板结构以及钢竹混合结构可以满足低层建筑9度抗震设防要求，初步具备装配式竹建筑产业化应用的条件。

工程案例：粪尿分集被动式太阳能生态厕所（2010年）（图5-7a）和西双版纳新型竹楼民居研究与示范（2011年）（图5-7b）。

图5-7　昆明理工
大学工程案例
（图片来源：昆明
理工大学）

（a）粪尿分集被动式太阳能　（b）西双版纳新型竹楼民居研究与示范
生态厕所

5.2.11　贵州大学

贵州大学（网址：http://www.gzu.edu.cn）风景园林观划设计研究中心主要针对贵州少数民族建筑与生态环境相互协调、民族建筑遗产保护与村镇遗产规划、传统乡土聚落景观变迁与保护等方面的问题开展创新研究。在竹结构建筑研究方面，主要开展针对圆竹结构的创新型研究，提出采用钢箍碳纤维布组合节点的竹拱结构，并对其节点的构造方法进行了详细的研究。

工程案例：国际中华文化研修基地研修社区景观——儒林草堂（2014年）（图5-8）。

图5-8　儒林草堂
（图片来源：贵州
大学）

总的来说，中国目前从事竹建筑相关研究的机构还十分有限，且专门开设竹建筑相关课程的高校也很少。所以，想要发展中国竹建筑产业，还需要加强竹建筑基础研究工作，培养竹建筑研究和应用方面的专业人员。未来，其研究方向可以围绕以下几个方面的内容展开：

（1）针对中国不同建筑用竹种，在大量试验的基础上，获取相关物理力学性能的基础数据。

（2）建立关于圆竹和工程竹材的分级标准。

（3）在材料性能方面：加大竹材防火性能的研究；研制新型防腐竹建材；研究高性能竹建材，发展多层和高层竹结构建筑；加强低造价无醛竹建筑制品的研制。

（4）加强竹结构构件连接方式的研究和创新。

（5）加强竹结构设计和建造理论体系的建立。

（6）加强装配式竹结构建筑的研究。

（7）编制适合竹结构的应用分析和一体化设计软件。

（8）提高竹建材的加工工艺水平，朝着智能化、连续化和自动化的方向发展。

5.3　生产加工企业

根据中国竹建筑相关产品生产加工企业的大体情况，结合INBAR所了解的行业情况和中国竹产业协会所提供的信息，甄选了以下24个主要的企业（表5-1），包括竹建筑材料生产企业、胶粘剂企业和机械制造企业等。其中浙江7家，江西5家，福建3家，安徽和湖北2家，湖南、广东、四川、山东和江苏的企业各1家。在本书撰写过程中，作者向以下大部分企业征集了基本的企业信息，包括其生产的建筑类产品以及近年来所做的典型商业案例。案例将在第6章进行专门介绍。

序号	所属省份	企业名称	主要生产产品（建筑类）
1	浙江	杭州大索科技有限公司	室内外竹地板、室内竹装饰材、竹格栅、竹护栏、结构用竹集成材等
2		浙江永裕竹业股份有限公司	竹地板、室外竹墙板和竹格栅
3		杭州正天竹木实业有限公司	竹地板、竹楼梯
4		浙江天振竹木开发有限公司	竹地板
5		浙江腾龙竹业集团	竹地板
6		安吉竹境竹业科技有限公司	结构用圆竹制品
7		浙江鑫宙竹基复合材料科技有限公司	竹缠绕复合材料及产品
8	江西	赣州森泰竹木有限公司	竹地板和室内外结构用竹集成材、结构用圆竹制品
9		江西康达竹业集团	竹建筑装饰材、竹结构材和竹地板
10		江西飞宇竹业集团有限公司	竹建筑装饰材、竹结构材和竹地板
11		江西康替龙竹业有限公司	竹地板
12		江西松涛竹业有限公司	竹地板
13	福建	福建省建瓯市华宇竹业有限公司	竹地板
14		福建和其昌竹业股份有限公司	竹木复合结构材
15		福建省有竹科技有限公司	重组竹户外地板、竹结构材
16	安徽	安徽龙华竹业有限公司	重组竹地板和竹木复合地板等
17		安徽宏宇竹木制品有限公司	竹地板
18	湖北	湖北楚风竹韵科技有限公司	室内竹丝装饰材
19		湖北咸宁巨宁竹业科技股份有限公司	结构用重组竹、竹地板
20	四川	洪雅竹元科技有限公司	结构用重组竹、竹地板
21	湖南	湖南桃花江竹材科技股份有限公司	结构用和非结构用竹集成材、结构用和非结构用重组竹
22	广东	太尔胶粘剂（广东）有限公司	工程竹材胶粘剂
23	山东	青岛国森机械有限公司	竹单板热压机、竹地板多层热压机；重组竹冷/热压生产线成套设备
24	江苏	金田豪迈木业机械有限公司	竹人造板材热压机

信息来源：INBAR和中国竹产业协会。

本章将重点介绍第5章所涉及中国主要竹建筑产品生产企业近五六年来所做的典型商业案例。同时，也包含了少量在某个应用方向极具代表性的非商业案例。根据生产企业所提供的信息，作者联系了相关的建筑师/设计师事务所，重点就项目背景和竹产品应用两项内容征集了文字和图片资料，获得了大部分案例设计的第一手信息。其余案例信息来源于生产企业或可公开查询到的信息。通过资料的选取、摘录和整理，一方面试图在有限的篇幅内为读者勾勒出项目的概况，如实展示不同案例在竹材应用方面的特点以及不同竹材产品的功能属性；另一方面，作者相信每位建筑师/设计师在选择竹材这种非主流建筑材料时，一定有其明确的设计意图，而这正是当下中国现代竹建筑特有的建筑语境，充分展示了"竹"在中国现代建筑中所代表的精神属性和文化属性。

作者将这些典型案例按照以下分类进行介绍：

6.1 建筑用装饰材

6.2 建筑用结构材

6.3 景观

6.4 乡村建设

6.5 交通设施

6.6 输水管道和城市综合管廊

通过这些典型案例的介绍，作者试图唤起人们对天然材料的回归、对传统文化的认同以及对可持续发展理念的思考。

6

第6章
典型（商业）案例

牛背山青年旅社

（图片来源：dEEF Architects）

6.1　建筑用装饰材

工程竹材应用案例：

- 海峡文化艺术中心（2018）
- 以色列埃拉特伊兰和阿萨夫·拉蒙
  国际机场（2019）
- 富阳公望美术馆（2016）
- MUJI HOTEL BEIJING（2018）
- 香港恒生大学（2016）
- 上海静安区香格里拉酒店 Calypso
  地中海餐厅（2014）
- 香港大馆 Old Bailey餐厅（2018）
- 海边图书馆（2015）
- 海边教堂（2015）
- 南京傲泓度假酒店（2018）
- 长白山松鼠（自行车）驿站（2015）

圆竹应用案例：

- 竹艺间（2018）
- 中国浮标小镇垂钓中心（2017）
- 临湘市全域旅游服务中心（2018）
- 滇海古渡大码头（2016）
- 西浜村昆曲学社（2017）

海峡文化艺术中心
（图片来源：萨米宁希诺宁建筑设计咨询
（上海）有限公司）

海峡文化艺术中心

地点：中国福建·福州

完成时间：2018

建筑师：佩卡·萨米宁（芬兰）、徐宗武

项目简介：海峡文化艺术中心总建筑面积15万m²，总造价27亿元。项目由多功能戏剧厅、歌剧院、音乐厅、艺术博物馆和影视中心等5个功能性建筑和一层中央文化大厅组成，造型酷似"茉莉花"，被誉为东方的"悉尼歌剧院"。这座建筑运用了大量陶瓷元素和工程竹材，在支持强大的自洁能力并满足声学标准的前提下，赋予了建筑本身鲜明的中国元素。

竹产品应用：采用全竹整体应用解决方案，包括竹地板、竹吸声墙板、竹防火墙板、竹防火格栅和户外耐腐竹材等。

图片来源：萨米宁希诺宁建筑设计咨询（上海）有限公司。

以色列埃拉特伊兰和阿萨夫·拉蒙国际机场

（Ilan and Assaf Ramon International Airport）

地点： 以色列埃拉特

完成时间： 2019

建筑事务所： Amir Mann/ Ami Shinar Architects & Planners Ltd（以色列）

项目简介： 该项目是以色列新建的第二个国际机场，位于以色列南部的海滨旅游城市埃拉特（Eilat）。在独特的沙漠环境中，设计师以极简风格打造了一个雕刻般的机场，外形采用酷似风化岩石的几何造型，内饰则融合了多种风格。

竹产品应用： 机场以"最大化运用天然材料"为原则，场内的天花板及墙面全部采用经特殊工艺制成的竹集成材，达到欧盟B1级防火标准。并且突破了传统天然材料的约束，竹集成材以6m的大尺寸呈现，使机场巧妙地融入自然环境中。

图片来源： 赣州森泰竹木有限公司。机场俯视图为Amir Mann/Ami Shinar Architects & Planners Ltd和Green Sky Ltd设计的效果图。

富阳公望美术馆

地点：中国浙江·杭州

完成时间：2016

建筑师：王澍

项目简介[6-1]： 公望美术馆位于杭州市富阳区，坐落于东吴文化公园西侧，为"富春山馆"三馆（博物馆、美术馆和档案馆）之一。富春山馆由普利兹克建筑奖获得者王澍以《富春山居图》为背景和主题设计，结合城市山水环境，用写意的方式将建筑以主山、次山、远山的方式布局，形成可望、可行、可游、可居的意象和想象，并通过提炼富阳乡土建筑语言，展示富春江山水文化和地域文化内涵，成为建筑版的《富春山居图》。

竹产品应用： 实竹编织围板、竹条格栅吊顶、竹饰面墙板吊顶和重竹栏杆。

图片来源： 杭州大索科技有限公司（右侧三幅）、湖南桃花江竹材科技股份有限公司（左侧两幅）。

MUJI HOTEL BEIJING

地点：中国北京

完成时间：2018

建筑事务所：UDS株式会社、誉都思建筑咨询（北京）有限公司

项目简介： 北京作为高速发展的现代大都市，在胡同里依旧保留着传统老北京的特色，但是这些蕴含着当地文化中的本源魅力却逐渐被人淡忘。无印良品在北京开设酒店，旨在传达"回归事物本源"的理念。酒店坐落于北京前门地区，位于距离天安门广场450m的"北京坊"内。本着"反奢华、反简陋"的原则，设计师将自古以来深受中国人喜爱的竹子与周边旧街改造时余下的青砖在建筑物内变废为宝，延续着老北京的味道。

竹产品应用： 酒店公共区域大量选用重组竹这一现代竹材，并与取材自周边街区的老砖旧梁等材质相结合，打造了一个延续着历史文化街区风格的空间。在功能上，从前台、书吧到4层楼高的MUJI商品展示墙尽可能采用重组竹材质进行统一，体现了重组竹材在应用上的多样性，并很好地呈现了品牌理念。

图片来源： 誉都思建筑咨询（北京）有限公司。

香港恒生大学

地点：中国香港·沙田

完成时间：2016

建筑事务所：王欧阳（香港）有限公司

项目简介：香港恒生大学是香港第一个在校园建设中广泛应用竹制品和竹景观的大学。秉承"环境教育"的理念，校园设计中积极地引入了先进的建筑服务技术，打造出了一个优雅、清新和自然的校园环境。设计与施工过程特别提倡环保，采用了大量的环保材料，获得了香港绿色建筑议会颁发的"绿色环评BEAM Plus 铂金级"认证。

竹产品应用：全校所有装饰及家具均采用定制竹材，如竹墙板、竹吸声板、竹办公家具、竹课桌、竹运动场地板、竹户外地板，以及学生宿舍竹家具等。整个学校似乎成了一个竹材运用的博物馆，为环保概念的应用树立了典范。

图片来源：赣州森泰竹木有限公司。

**上海静安区香格里拉酒店
Calypso地中海餐厅**

地点：中国上海

完成时间：2014

建筑师：坂茂（日本）

项目简介：位于上海静安区香格里拉大酒店中庭广场的Calypso地中海餐厅是由普利兹克建筑奖获得者坂茂设计的。整个餐厅以竹为主题，运用了各种形式的竹编装饰，包括屋顶的遮光隔断和包间区域的落地隔断，且室内外的墙板都以竹材包裹，俨然形成一个全竹房屋。结合大量玻璃的通透效果应用，在繁华都市之中显得格外别致。

竹产品应用：竹编织墙板、竹编织屏风和室内外竹墙板。

图片来源：赣州森泰竹木有限公司。

香港大馆Old Bailey餐厅

地点：中国香港·中环

完成时间：2018

建筑师：赫尔佐格&德梅隆（瑞士）

项目简介："大馆"位于香港岛中环，前身为中央警署、中央裁判法院及域多利监狱，是一个由历史建筑组成的古建筑群，是香港现存最重要的历史遗迹之一。该项目由普利兹克建筑奖获得者赫尔佐格&德梅隆主持设计，香港马会负责项目改造，采用最高级别的建筑修复标准，历时10年完成。

竹产品应用：Old Bailey餐厅采用复古风格装饰，以竹为主导材料，结合了拉丝纹路处理、深度炭化工艺以及建筑事务所为之独创的菱形榫卯结构。整体定制的竹家具未使用任何五金件，在传承中创新，以独特的现代设计方式呈现了惊艳的复古装饰效果。

图片来源：赣州森泰竹木有限公司。

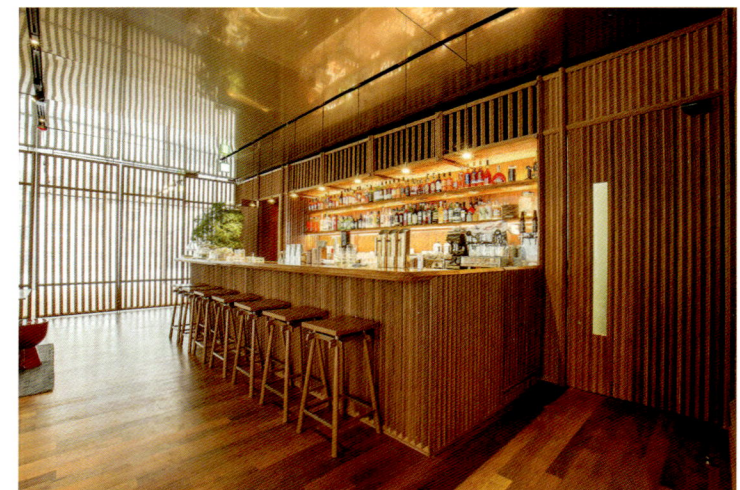

海边图书馆

地点：中国河北·秦皇岛

完成时间：2015

建筑师：董功

项目简介： 该设计的主要理念在于探索空间的界限、身体的活动、光氛围的变化、空气的流通以及海洋的景致之间的共存关系。图书馆东侧面朝大海，在春、夏、秋三季服务于西侧居住区的社区居民，同时免费向社会开放。图书馆是由一个主要的阅读空间、一个冥想空间、一个活动室和一个小的水吧休息空间构成。建筑师依据每个空间功能需求的不同，来设定空间和海的具体关系，定义光和风进入空间的方式。如果将这个房子沿南北长向剖开，可以更清楚地察觉这一组空间各自诠释着每个空间与海的具体关系，而串联这一系列关系的要素，恰恰是人的身体在空间的游走和记忆。

竹产品应用： 家具（书柜、座椅、桌面）、门窗框、地板。

图片来源： 直向建筑事务所，中间图片摄影：夏至，其余图片摄影：苏圣亮。

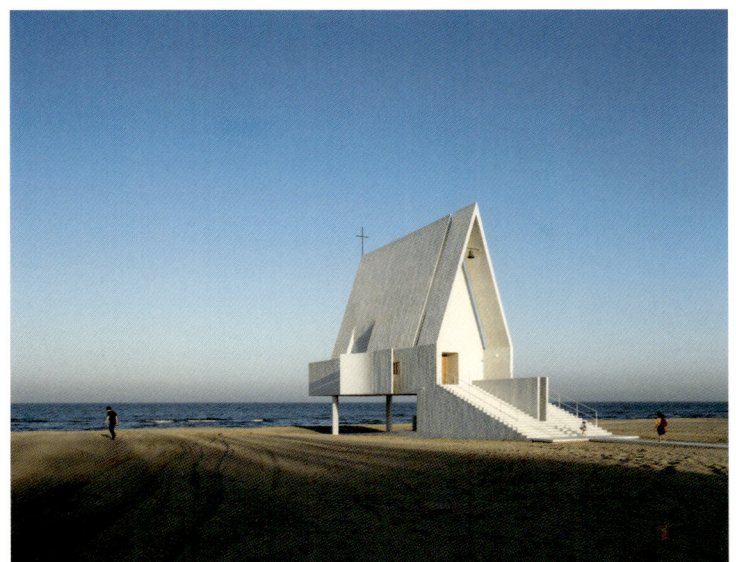

海边教堂

地点： 中国河北·秦皇岛

完成时间： 2015

建筑师： 董功

项目简介： 我们想象这个教堂是非常久远以前曾经漂泊在海上的一艘船，岁月变迁，海水退去，留下来一处空间的构筑，依然凌空悬浮在沙滩之上。人们拾级而上，进入大门，再绕过影壁，最后进入一个面向大海的教堂空间。由于空间被抬高的原因，在这里，人的视野里没有沙滩和沙滩上的人，只有对面一望无际的海面。它和距其300m处的海边图书馆一起，成为一组在海边让人静下心来，感受自然、感受自我的精神场所。

竹产品应用： 家具（书柜、座椅、桌子）、门板、门窗框、地板。

图片来源： 直向建筑事务所，摄影：陈颢。

南京傲泓度假酒店

地点：中国江苏·南京

完成时间：2018

设计师：邓俊生

项目简介：南京傲泓度假酒店将私人岛屿、庭院模式、零距离接触大自然作为主导设计理念，并与南京当地文化、风土相结合，将"竹"作为室内设计的主元素，并融入了舒适、低调的设计风格，旨在打造一所南京地标性的SPA度假高端品牌酒店。

竹产品应用：外立面采用重组竹作为建筑用装饰材，既有一定的韧性和硬度，又具有生态环保的特性。在男浴区利用重组竹与现代石材相结合，打造了一个干净、纯粹的空间，古朴却又现代感十足。平面布局一步一景，室内与室外自然贯穿。别墅客房分两层，底层设计延续了重组竹元素，安静优雅；二层融入了山水元素，空间多变。

图片来源：奥博奇室内设计（北京）有限公司。

长白山松鼠（自行车）驿站
地点： 中国吉林·长白山
完成时间： 2015
建筑师： 徐晓东
项目简介： 受长白山管委会委托，建筑师对环长白山慢行绿道进行了整体规划与设计。松鼠驿站是环长白山慢行绿道的起点驿站，承载着自行车文化体验与传播、长白山风物展示、自行车活动赛事的组织与宣传、城市居民休闲等功能。

竹产品应用： 项目地点位于小镇里美人松林的空地之间，如何处理建筑体与美人松之间的关系是这个项目主要解决的问题之一。方案在圆形的建筑体量之外附加了一层重组竹材的格栅幕墙，重组竹格栅形成的灰空间极大地弱化了封闭的建筑体量与自然通透的松林所形成的冲突感，使方案与环境的关系有了最大程度的融洽。

图片来源： 北京大地风景建筑设计有限公司。

竹艺间

地点：中国陕西·西安

完成时间：2018

建筑师：刘赛文

项目简介： 本着"贴近自然"的环保主义理念和"动静结合"的禅宗思想，这栋5层别墅在室内装饰上采用了大量原生态竹材。因建筑层高接近6m，单层面积超过500m²，空间尺度超大，不宜居住。设计师通过空间的分隔和错落，使原有的呆滞空旷变得丰富怡人。装饰材料上以圆竹和白水泥加麻刀抹墙为主，地面采用局部天然石材和原木地板为主。

竹产品应用： 一层在入口处采用中国传统框景手法设置了一个透空圆窗，利用圆竹围合成一个茶饮区；二层特别设置了一间佛堂，顶部726个圆竹筒所组成的半圆形发光区域和周围发散状排列的圆竹完美营造了"佛光普照"的意境；三层是活动空间，特地在水池中央设置了一席品茗之地。上空为穹顶，内藏LED湖蓝色灯带营造出天空的感觉。在夜晚，穹顶中心的LED筒灯仿佛一注月光由12m高的穹顶洒下来，颇有一番"明月松间照，清泉石上流"的意境。

图片来源： 九方公设建筑设计咨询有限公司。

中国浮标小镇垂钓中心

地点：中国湖南·临湘

完成时间：2017

建筑师：郭明

项目简介： 依托当地的资源禀赋、历史传统，将竹艺产业、浮标产业同文化旅游产业无缝嫁接，实现了一条具有可操作性、契合地方民情的可持续发展路径。建筑造型采用仿生建筑手法，造型是两条鱼的形象。当地盛产用来钓鱼的浮标，浮标产业占全国的80%。而在古代，人们也用竹竿来钓鱼。于是，建筑师把二者关联起来，并希望使用一种材料（竹）和一种统一的设计手法延续整个空间的设计。该建筑作为CAA国际垂钓大赛的服务中心，其内部空间设计很好地利用了自然采光，使得竹模板造型的混凝土空间与室内圆竹装饰交相辉映，竹元素贯穿整个设计。

竹产品应用： 圆竹作为室内外装饰材。

图片来源： 山隐设计集团。

临湘市全域旅游服务中心

地点：中国湖南·临湘

完成时间：2018

建筑师：郭明

项目简介：当地有百万亩竹林，且浮标产业作为其支柱产业与钓具、竹竿息息相关。采用仿生建筑手法，建筑师设计了三个外观形似"竹叶"的主体建筑以及一个形似"竹笋"的景观塔。三个大型的"竹叶"主体建筑呈品字形排列，作为游客接待中心、行政管理办公及游客美食中心使用。而"竹笋"景观塔的设计来源于"雨后春笋"的概念，底部采用暖色调的自然山石，营造出一种竹笋生长于泥土之中，雨后破土而出的景象。塔顶设有照明设备，塔身大部分材料采用圆竹，并配合穿插玻璃元素，整体设计清新自然。

竹产品应用：圆竹作为室内外装饰材。

图片来源：山隐设计集团。

滇海古渡大码头
地点： 中国云南·昆明
完成时间： 2016
建筑师： 任力之
项目简介： 滇海古渡大码头
位于七彩云南·古滇王国文
化旅游名城，北临滇池，其
余三面被生态湿地公园环
绕。因古滇国悠久的历史文
化、滇池绝美的湿地风光，
具有本土特色的竹材运用，
赋予了大码头独有的建筑魅
力和场所特质。建筑师本着
"在地"设计的原则，采用
低技的设计手段，发掘和继
承传统在地材料的建造技术
和工艺，推崇原生的技术美
学，达成了"根植于环境，
融合于自然"的创作理念。
竹产品应用： 环廊立柱应用
了圆竹大幅面弯曲和无缝
拼接技术，呈现出"多重V
形"的独特造型，圆竹立柱
在环廊居中，使长达500m
的环廊两侧没有任何遮挡，
创造出震撼的视觉效果。吊
顶的圆竹经弯曲处理配合顶
面芦苇席的应用，与湖光山
色相映成趣，营构出融情融
境融景的人与建筑、建筑
与自然、人与自然的和谐
关系。
图片来源： 同济大学建筑设
计研究院（集团）有限公司。

西浜村昆曲学社

地点：中国江苏·昆山

完成时间：2017

建筑师：崔愷、郭海鞍、沈一婷

项目简介：西浜村昆曲学社由4个原有乡村院落改造而成，依据玉山草堂24佳处中的"读书舍"意向进行设计。在"玉山雅集"中，大量描述了文人与竹子的情怀往事，更是写下了"舍前有修竹，舍后有芙蕖"的精美诗句。因此，昆曲学社的建筑设计采用了大量的竹材，以彰显文人墨客"不可居无竹"的品格情志。

竹产品应用：竹幕墙：利用竹子的间距表达了昆曲牡丹亭的曲谱韵律；竹灯：设计师创新性地利用竹子的空腔做线槽，关节处设计了竹灯；竹门窗：门窗设计中均采用竹元素，门采用竹皮包裹，窗采用小径圆竹进行遮阳；竹亭：利用竹结构设计了意向舞台与牡丹亭；竹吊顶：采用圆竹吊顶处理了变化的屋顶空间；竹檩条与竹质板材：檩条、地板、墙板均采用了竹材；竹帘和竹家具、灯饰：在内装中，将竹产品作为家居装饰的首选材料。

图片来源：中国建筑设计研究院有限公司，摄影：张广源、郭海鞍、蒋彦之。

6.2　建筑用结构材

圆竹应用案例：

- 2019年中国北京世界园艺博览会
  国际竹藤组织园（2019）
- 尚村竹篷乡堂（2018）
- 禁山古窑遗址展陈竹廊（2017）

工程竹材应用案例：

- 昭君博物馆（2018）
- 牛背山青年旅社（2014）
- 楚河汉界世界象棋棋王赛赛址——
  世界象棋棋王对弈亭（2018）
- 乐至报国寺禅修中心（2016）
- 三河大食堂（2016）
- 沙特阿拉伯竹别墅（2016）
- 菜山——都市亲子菜吧（2015）
- 北京国际青年营（2013）
- 太古地产四川竹创社区中心（2017）
- 葫芦院——銮庆胡同37号院（2017）
- 双溪书院（2018）

2019年中国北京世界园艺博览会国际竹
藤组织园

（摄影：吴君琦）

2019年中国北京世界园艺博览会国际竹藤组织园

地点: 中国北京

完成时间: 2019

建筑师: Mauricio Cardenas Laverde (意大利)、王雪松、王朝霞等

项目简介: 以"创意竹藤五洲风景"为主题的国际竹藤组织园位于世界园艺主轴线东侧,占地面积约3100m²。其中,展馆建筑面积约1200m²,室外绿化景观面积约2000m²(含馆顶绿化)。建筑师通过对展馆竹园的融合设计,用现代设计语言讲述了传统"竹园中的展馆"。展馆空间精心隐匿于九榀竹拱撑起的绿色花园之下,花园绿地沿拱脚向屋顶蔓延,渐渐消隐。建筑、竹构、竹景观浑然一体,在大地上形成一个灵动的明眸,被誉为北京世界园艺博览会的"竹之眼"。

竹产品应用: 展馆主体结构采用5000多根直径8~10cm的毛竹建造而成,单拱跨度达到32m,是中国北方地区目前建造的最大跨度的圆竹结构场馆。支撑起整个展馆的九榀竹拱均采用变截面桁架拱的设计形式,兼具拱与桁架结构的优点,使整个大跨度竹结构场馆看起来十分轻盈。

图片来源: INBAR,摄影:王旭东、臧大卫、吴君琦。

尚村竹篷乡堂

地点：中国安徽·绩溪

完成时间：2018

建筑师：宋晔皓、孙菁芬、陈晓娟等

项目简介： 由中国城市规划设计研究院、清华大学和北京大学等多家单位组成的团队，尝试以陪伴的方式在尚村探索一条传统村落保护的可持续发展路径。团队选定高家老屋作为村民公共客厅，循序渐进地开展村庄人居环境整治、产业提升发展、传统风貌保护与民居修复等工作，逐步建立尚村保护与发展的长效机制，以引导尚村实现未来的可持续发展。

竹产品应用： 建筑设计团队选择竹子作为建筑的主体材料，巧妙地设计了"六把竹伞"和"三组乌篷"，建构出一处乡民与游客可共享的竹篷。竹构体系与传统老屋的组合，不仅是新旧材料与新旧工艺的碰撞，也是竹伞单元所代表的开放空间与墙体所围合的封闭空间的叠加，是易建易拆的单元式装配建造与扎根本土的民居废址拼贴式更新的一次尝试。

图片来源： SUP素朴建筑工作室，摄影：夏至。

禁山古窑遗址展陈竹廊

地点：中国浙江·上虞

完成时间：2017

建筑师：仲德崑、彭小松、郭子怡

项目简介：禁山青瓷古窑址由三条龙窑构成，考古发掘证实这三条龙窑分别为东汉、三国、西晋时期的古窑址，它们见证了原始青瓷向成熟青瓷的转变，是2014年全国十大考古发现之一。基地位于山谷之间，溪水穿流而过，南临水库湖面，周边自然环境优美。建筑形态上契合地形，顺应山谷形态而呈现V形，建筑结构体系为门式刚架，由圆竹组合柱和圆竹组合桁架构成，屋面也用圆竹筒瓦覆盖。建筑完全融入环境，人们的视线能穿过建筑，同时看到周边的环境，感受郁郁葱葱的树林和寂静的山谷。

竹产品应用：就地取材，以圆竹作为建筑主体结构材料。

图片来源：安吉竹境竹业科技有限公司。

昭君博物馆

地点：中国内蒙古·呼和浩特

完成时间：2018

建筑师：曹晓昕

项目简介：昭君博物馆原景区以建于两千多年前的汉代昭君青冢（昭君墓）为视觉中心，中央神道两侧建有原和亲园、匈奴博物馆、昭君故里游园、单于大帐等建筑。新建昭君博物馆坐落于神道主轴南起点，与昭君青冢形成距离与时空的对话。据考古研究，昭君青冢由人工积土夯筑而成，并推断其上曾有木构建筑。"土木"既是一个中国传统的抽象文化符号，同时又作为一种具体的建筑材料表征而存在。新馆设计通过再现"土木之像""土木之情"来表达后人对昭君青冢的敬意。

竹产品应用：设计试图追溯回归中国古老的土木建构方式，将仿夯土艺术混凝土作为一种新的"土"以及将重组竹作为一种新的"木"来转译古老的建构方式，以表达对古人智慧的尊重。入口雨棚选择重组竹作为结构材，设计简洁轻盈，通过伞骨结构和正负锥形的桁架结构形式提高了结构的整体稳定性。

图片来源：中国建筑设计研究院有限公司，航拍图摄影：梁兵。

牛背山青年旅社

地点：中国四川·甘孜

完成时间：2014

建筑师：李道德

项目简介： 被誉为中国最美观云海之地的牛背山，有很多驴友徒步登山。由于未被开发，基础设施极为落后，救援又无法及时到达，存在很多安全隐患。蒲麦地村是离牛背山顶最近的一个有人居住的小村落，很多村舍年久失修。该项目是一个公益改造项目，旨在为年轻志愿者提供一个公益实践基地，在帮助牛背山遇险驴友的同时，为村里的留守老人和儿童提供服务和帮助。改造前的房子是一个传统的破旧民居，设计团队完善了各种基本使用功能，让建筑更具开放性和公共性：加固了一层原有的木结构，拆除了面向坝子的厚重墙体和内部隔墙，使一层完全开放，作为最重要的公共空间；设计了新的钢网架玻璃门，用以储存木柴并与室外连通；新增了厨房、淋浴间以及卫生间；采用数字化设计方法与生成逻辑，利用四川当地慈竹所生产的重组竹材料加盖了一个与背后大山、云海相呼应的有机形态屋顶，并形成了一个独特的观景平台。

竹产品应用： 重组竹作为屋顶的结构材。

图片来源： dEEP Architects。

楚河汉界世界象棋棋王赛赛址——世界象棋棋王对弈亭

地点：中国河南·荥阳

完成时间：2018

建筑师：张微、解磊、张卓涵等

项目简介： 项目地处两千多年前楚汉争霸的古战场遗迹，基地北望荥阳鸿沟，拥有得天独厚的场地风貌、历史背景和"棋界圣地"的特殊意义。项目旨在营造"鸿沟为界，楚汉争雄"的棋王对决场面，打造楚河汉界世界象棋棋王赛永久赛址和世界棋王赛对弈亭。

竹产品应用： 以基地黄土为出发点，对弈亭选用了色彩质感接近的竹集成材，满足了建筑外观和结构受力的要求，避免了二次装饰。所有立柱呈60°倾斜面向鸿沟，利用螺栓对穿交错连接水平横梁。整个建筑共使用70余根立柱、横梁，单根立柱、横梁长度12m至15m，截面尺寸15cm×30cm，单根重量可达400kg以上。采用工厂预制、现场安装的干法施工方式，现场装配周期缩短至10天。竹材除了需要满足强度要求以外，还要在严苛的户外环境下具有良好的耐久性。

图片来源： 浙江绿城建筑设计有限公司（gad）。

乐至报国寺禅修中心
地点：中国四川·乐至
完成时间：2016
建筑师：梁井宇、叶思宇
项目简介：乐至报国寺禅修中心位于四川省的一个远离城市、群山环绕的县城附近。其场地建筑遗址的历史最早可以追溯到隋朝（公元581年至618年）。此项目选址于一座建于20世纪70年代、却已废弃的茶室。为了能够满足日益增多信众们的使用需求，需拆除原有的单层茶室，将新建的禅修中心面积在原有茶室用地范围内有较大幅度的增加。改建后的禅修中心为两层建筑，建筑立面掩映在大片茂密的树林之间，竹材、玻璃与周围自然环境呼应，整个建筑与场地十分契合。

竹产品应用：由于场地位于山林间，重型机械无法进场，只能依靠人力运输及小型建造设备。建筑师试图寻找轻型、易于拼接的小型杆件来组成空间网架结构，应用于禅修中心的大跨度屋面。经对比，建筑师选择了强度和耐久性良好的重组竹材，其杆件尺寸比木材小得多。完成后的空间网架屋面采用了20mm×40mm截面的竹杆件与金属连接件拼接而成。

图片来源：场域建筑。

三河大食堂

地点：中国河北·三河

完成时间：2016

建筑师：王刚

项目简介：由于婚宴和大型活动的需求，三河大食堂这个面积为2000m²的单体建筑需尽可能地释放空间，因此，设计团队大胆地做出了一个跨度为17.8m的竹结构大空间。在结构体系上，既没有选择传统的框架结构，也没有选择造价较高的网架、桁架结构，而是创造出了一种新的树冠状结构体系。这种结构体系似乎对重组竹有着天然的适应性，于是一个坚固耐用而又轻巧灵活的乡村建筑便应运而生。在建筑外部，一个深达近6m的挑檐为室内提供了很大的拓展空间，结合建筑主体南侧的大广场，共同构成了乡村集市广场与社区中心。另一个创造性的做法是设计师在南侧建筑主立面挑檐下布置了大炉灶和砖砌烟囱，不仅加强了结构的整体稳定性，袅袅炊烟与扑鼻的香气也成为建筑整体形态中不可或缺的一部分。

竹产品应用：重组竹作为建筑主体结构材。

图片来源：北京建筑大学大师工作室。

沙特阿拉伯竹别墅

地点：沙特阿拉伯吉达

完成时间：2016

设计单位：赣州森泰竹木有限公司

项目简介： 该建筑为中东地区第一座装配式竹结构房屋，建筑面积223m²。采用客户定制的方式，所有部件完全由工厂进行模块化设计和制作，并由工厂指导施工，实现在属地30天组装完成后直接交付使用。整个建筑竹结构材料用量109m³，竹墙板763m²，竹窗户112m²。

竹产品应用： 采用装配式竹结构和定制化竹产品（竹门、竹窗户、竹墙板、室内外竹地板等）。

图片来源： 赣州森泰竹木有限公司。

菜山——都市亲子菜吧

地点：中国湖南·长沙

完成时间：2015

建筑师：朱弘博

项目简介：该项目尝试营造一种未来的居住生活方式，建造一个创新的都市绿色生态社区，同时又是一个寓教于乐的都市体验农吧和一个舒适的都市邻里中心。利用重组竹产品的弯曲特性，结合周边的整体环境，设计将整个建筑打造成山的形态，内部空间具有集会、教育和餐饮等功能。建筑的里里外外种满了蔬菜和植物，顶部蔓延的绿色藤蔓将建筑与山林环境融为一体，都市生活的人们可以在这里体验农耕文明的乐趣。

竹产品应用：建筑主体采用重组竹进行建造，竹材既是结构材又是装饰材，避免了二次装修。门窗、置物架、家具等均采用重组竹进行定制化设计和生产。

图片来源：种地设计。

北京国际青年营

地点：中国北京

完成时间：2013

建筑师：王刚

项目简介：北京国际青年营所处场地原是一处荒山，位于北京密云水库的南麓。在被选为团中央的户外运动培训基地以后，建筑师开始思考如何通过一所房子来表达年轻人蓬勃向上的精神和户外运动的坚韧不拔。建筑师选择了山的一处断层，把建筑的基础暴露在断面以外，落地坡屋面则成为所有入营学员的第一道课程：通过斜屋面来训练登山基础动作。于是，房子也变成了山的一部分。这个100m²的小房子有着巨大的屋檐，连通的室内室外空间具有诸多功能：接待中心、教室、餐厅、会议室、酒吧、宿营地和器材室等。

竹产品应用：重组竹作为建筑主体结构材。

图片来源：北京建筑大学大师工作室。

太古地产四川竹创社区中心

地点： 中国四川 · 彭州

完成时间：2017

建筑师： 郝琳、朱志伟等

项目简介： 该项目缘起雅安地震灾后重建，由太古地产支援和牵头，最终落户在美丽的彭州市桂花镇双红村。社区中心携手成都授渔公益，旨在服务当地留守儿童、妇女及老人的同时，为社会各界打造一个公益平台，共同促进在地社区营造和农村可持续发展。社区中心利用地形依山而建，由三栋建筑单体组成，彼此独立而又相互呼应，聚合成了具有村落感的公共开放空间。这些设施被用作社区图书馆、培训教室和村民活动中心等，用以开设式各样的妇女儿童服务和技能培训项目，全面服务周边的社区群众。

竹产品应用： 依托四川当地丰富的竹资源，社区中心在建筑材料上采用当地盛产的慈竹所生产的重组竹材，以实现生态环保和因地制宜。建筑主体结构采用树形的结构形式，结合当地气候特点和生活方式，形成了半开放屋中屋的多层次形态，整体风格既融于乡村风貌又独具风格，与周围环境相映成辉。

图片来源： 太古地产四川竹创社区中心。

葫芦院——銮庆胡同37号院

地点： 中国北京

完成时间： 2017

建筑师： 孟岩

项目简介： 该项目是位于西打磨厂街和銮庆胡同之间七个保护修复院落中的一个。原先的銮庆胡同37号院是一个三合院，年久失修、破损严重。南房中部屋顶坍塌，室内自然萌发的两棵参天椿树成了保护修复设计的切入点：南房中间的两个开间被顺势劈成了一个"屋中院"留住了树木，两侧的屋顶则按古法进行修复；两侧厢房向院内适当加大，在中间形成了一个葫芦形的庭院。

竹产品应用： 原有两侧灰砖山墙的中部被填充了一道重组竹院墙，小三合院形成了一大一小两进的"葫芦院"格局。中间是一扇通透的竖向竹隔栅推拉门，经过一个狭窄的弯曲门道便进入了一个豁然开朗的圆形庭院，灰瓦屋顶和四周环绕的暖色重组竹曲墙划出了一方宁静的天地。南房中部两个开间的屋顶用原结构尺寸的重组竹梁进行搭接，椽子采用十字交叉的重组竹构件进行组合。在保留城市肌理的前提下，结合了重组竹材的四合院被植入了新的功能，焕发了第二次生命。

图片来源： 都市实践。

双溪书院

地点：中国湖南·平江

完成时间：2018

建筑师：李亮

项目简介：双溪书院是一个集休闲养生和读书雅集为一体的度假项目，充分体现了南方文人气息和山野情怀。双溪书院组团由七个小单体建筑组成，分布在几条十几米宽的枝杈状的溪谷中。其中除了接待大堂（也作餐厅）和茶室两个公共功能的建筑外，其余建筑都被分别隐藏在四条张开的山谷内，互不相望。在建筑风格样式上，运用了现代建筑材料和结构技术来体现地域传统建筑意向。从内天井的结构布局到竹构构架，从连续的灰瓦坡顶到石、竹、瓦等材料肌理，这些建筑设计的形象生成既来源于当地的传统民居建筑，同时也是对更广义中国南方民居建筑符号的片段提取和抽象提炼。

竹产品应用：重组竹作为接待大堂和茶室的结构材且暴露在外，清新雅致。

图片来源：北京多向界建筑设计。

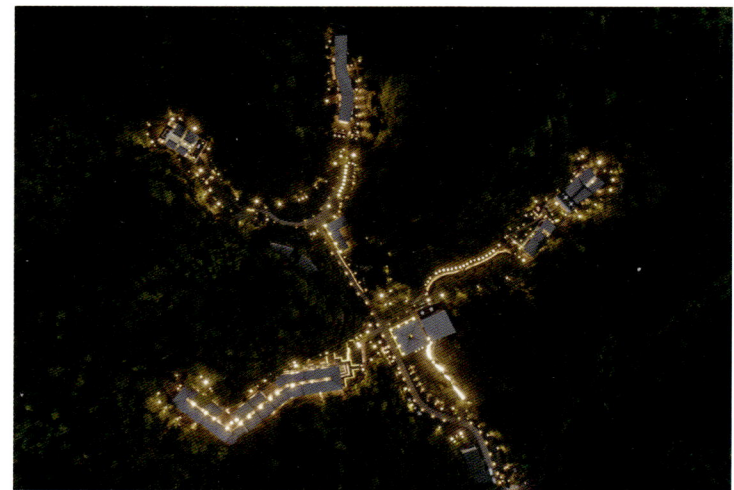

6.3　景观

圆竹应用案例：

- 凤凰谷山顶艺术馆（2018）
- 沈阳森林动物园熊猫馆（2017）
- ZCB 零碳竹亭（2015）
- 云在亭（2018）
- 2019年中国北京世界园艺博览会
  联合国教科文组织展园（2019）

工程竹材应用案例：

- 东山丝竹—山静日常（2017）
- 韧山水（2015）
- 巴塞罗那城市装置：身份馆（2014）
- 2019年中国北京世界园艺博览会
  上海秦森集团室外竹景观（2019）
- 2019年中国北京世界园艺博览会
  北京市园林局百果园（2019）
- China House Vision探 索 家——未
  来生活大展：庭院家（2018）
- 青奥文化体育公园（2015）
- 港珠澳大桥景观岛（2018）
- 雄安新区市民服务中心（2018）

凤凰谷山顶艺术馆

（图片来源：dEEP Architects）

凤凰谷山顶艺术馆

地点：中国河北·承德

完成时间：2018

建筑师：李道德、吴一迎、蓟鼎等

项目简介：凤凰谷山顶艺术馆位于北京和承德交界处的燕山山脉之上，远眺金山岭长城。除作为美术馆展示艺术作品及开展相关文化活动之外，也承担了凤凰谷整体开发项目的接待与展示功能。在形态上寄托了建筑师对中国古典精神的思考和延展：用建筑的形态去继承和演绎"势"，依山就势，顺势而为，产生出了一个与群山相得益彰的形体，反映了周遭连绵的山势和自然形态，与之融为一体。首层为展览区，二层为宴会区，经宴会区可直通屋顶，屋顶竹制栈道将露台、屋顶及周围的山坡连为一体。

竹产品应用：竹制的栈道通过屋顶的起伏与自然山地联系起来，模糊了自然与人工的界限，同时也象征性地呼应了与建筑遥望的金山岭古长城蜿蜒于山的形态及狭长的空间特色。竹材连同其他富有传统气息材料的应用，将建筑整体氛围与中国古典精神联系起来。

图片来源：dEEP Architects。

沈阳森林动物园熊猫馆

地点：中国辽宁·沈阳

完成时间：2017

建筑师：朱玲、刘一达、李博浩

项目简介：以"竹林生境"为设计理念，建筑师采用消隐的手法将建筑隐逸于山林，避免了大体量建筑入住森林对环境景观的破坏。建筑退后并被竹与树围合，游人入目与山形呼应的竹林，呼吸树木花草的清新，感受国宝的生存环境，人与境合，境与景叠。

竹产品应用：主场馆立面和景观棚采用钢结构加圆竹装饰的方式。由竹子编成的"竹篷"为园区中最主要的室外观赏及应用的构筑物，连接整个园区的各个功能分区，强化了场地内部功能的整体性，加上一个个支撑竹篷的柱子形成了场地中的树林之惑，使游客行走其中其乐无穷。

图片来源：沈阳建筑大学。

ZCB零碳竹亭

地点： 中国香港

完成时间： 2015

建筑师： Kristof Crolla

项目简介： ZCB零碳竹亭是一个公共的活动空间，是香港建筑业理事会的一个零碳建筑项目。竹亭高4层，采用大跨度曲面网壳结构，占地面积约350m²，可容纳200人。

竹产品应用： 整个建筑由475根圆竹建造而成，这些圆竹竿在现场弯曲成形，用金属丝进行手工绑扎，使用了香港的竹制脚手架工艺。ZCB零碳竹亭通过数值找形和实时物理仿真工具，试图为濒临危机的香港竹制脚手架技艺寻找新的出路。

图片来源： 香港中文大学。

云在亭

地点：中国北京

完成时间：2018

建筑师：宋晔皓、陈晓娟、孙菁芬等

项目简介："大风起兮云飞扬"，云在亭取风起云扬之意。其位于北京林业大学校园内的一片小树林中，是为2018年"竹境·花园节"建造活动所设计的一座信息发布亭，占地约120m²，活动结束后作为师生日常休闲、聚会的户外场所。设计从竹材特性入手，发挥了圆竹柔韧抗弯的优点，采用自由轻松的曲面形态，与校园环境和花园节的氛围十分契合。各处设有高高低低的曲线形开口，方便人流从各个方向自由穿越，原有的部分绿篱保留延续到亭内，顶部升高束起设为圆形采光口，将风、阳光和绿植引入内部，打破了传统遮棚的沉闷感，形成了云卷飞扬的意向。

竹产品应用：设计将圆竹建造工艺与现代建筑技术相结合，利用数字化设计，将概念方案引入数字模型，从而生成整体结构并指导施工。经过数学逻辑控制生成的曲面及关键竹梁结构曲线，更加符合结构受力和建造规律。竹梁均在工厂预制成型，然后进行现场拼装。

图片来源：SUP素朴建筑工作室；摄影：陈溯、方淳。

2019年中国北京世界园艺博览会联合国教科文组织展园

地点： 中国北京

完成时间： 2019

建筑师： 戈建（Nicolas Godelet）

项目简介： 联合国教科文组织（UNESCO）展园位于欧洲花园区，占地1250m²。作为可持续自然遗址保护和发展战略的推动者，UNESCO希望建造一个连接南北入口的展廊，引导参观者了解其使命、行动及合作伙伴。设计宗旨围绕以下两点：一是尊重环境的"地球文明"需要每个人的参与，我们每个人都是这个星球的园丁；二是减少全球碳足迹，用草、竹子和木材等天然材料建造一个新的21世纪建筑。展廊具有遮阳、防雨的功能，并提供休憩的座位。沿着展廊坡道，可以观看整个园区的景观地图。希望人们在这个空间停留的同时，能平静地感受大自然。

项目简介： 展廊利用巨龙竹建造而成，巨大的圆竹秆件交错支撑呈抛物线状，形成了一个具有一定高度的复杂空间几何体。节点采用预制钢连接件，上部覆盖白色的膜，远看气势宏伟，渐近精致典雅。

图片来源： 北京戈建（Nicolas GODELET）建筑设计顾问有限责任公司。

东山 丝竹—山静日常
地点：中国云南·昆明
完成时间：2017
建筑师：朱弘博
项目简介： 该项目尝试以当代造园的方式探索本土特色，将建筑、室内、景观进行一体化的设计。设计以"竹"为主材营造了三座竹山，竹山围筑，水乐贯穿。先沿筑植树、置石，后以竹造山围院。石树破竹山，穿竹廊而出，仿佛置身幽谷，虚实里外，可出可入，可眺可停。山水间探竹亭茶歇，山谷间围溪竹院，竹山间织网望天。
竹产品应用： 重组竹作为园林景观材料。
图片来源： 种地设计。

韧山水

地点：中国上海

完成时间：2015

总建筑师：王彦

项目简介：这个兼具艺术性和实用性的建筑装置位于静安寺广场，来自goa大象设计主办的公共艺术主题活动"引力场"，由goa大象设计和同济大学建筑与城市规划学院的建筑师们共同完成。静安寺广场相对南京西路地面下沉了7m，建筑装置在这里被理解为一组开放的景观，犹如城市中的山水盆景，以柔软轻巧的姿态介入整个场地。两处弧形隆起高低错落，仿佛盆地中的山体，巧妙地回应了露天舞台和熙熙攘攘的地铁出口。弧形山体为广场中丰富的市民活动提供了遮荫空间，杆件夹缝中隐藏了水雾喷淋，在夏日可为广场降温。同时，云雾缭绕的景象更强化了城市山水盆景的视觉印象。

竹产品设计：因广场石材地面不允许有丝毫破坏，整个建筑装置完全不可能有基础或地面固定。考虑到台风的强大破坏力，最终采用了50根20m长的空间流线型重组竹杆件。

图片来源：goa大象设计，摄影：吕恒中、申博（最下图）。

巴塞罗那城市装置：身份馆
地点：西班牙巴塞罗那
完成时间：2014
建筑师：刘晓都、孟岩

项目简介： 2014年，巴塞罗那举办城市陷落300周年的城市纪典。由米拉莱斯基金会（Fundació Enric Miralles）发起策划，选择7个当代国际领军建筑师团队与国际知名建筑学院合作，为巴塞罗那7个历史公共空间设计纪念性公共装置。古老的Plaza Nova广场是从前的一个城门，从角落残余的罗马拱门可以看到古罗马输水渠的痕迹。"身份馆"被摆放在古罗马水渠的遗址位置，面向广场向一侧虚拟出形状，同时在另一侧将加泰罗尼亚拱顶系统抽象化出挑构筑空间场所，巧妙再现了从罗马拱门到加泰罗尼亚拱顶的历史文脉。

竹产品应用： 装置高6m、长30m，采用厚度仅10mm的十字重组竹片榫接成一个自承重的大跨度结构。十字重组竹片在中国工厂预制成型，由都市实践指导巴塞罗那La Salle大学和美国南加州大学的研究生团队进行现场搭建。这种以单一构件进行搭建的方式是一种集体建构，与著名的加泰罗尼亚"叠人塔"传统活动的精髓相合，表达众志成城的意向。

图片来源： 都市实践。

2019年中国北京世界园艺博览会上海秦森集团室外竹景观

地点： 中国北京

完成时间： 2019

设计单位： 上海秦森园林股份有限公司

项目简介： 上海秦森集团园区的室外异形竹结构景观将竹集成材在室外景观方面的应用发挥到了极致。整个设计尊重自然之美，其设计灵感来源于木刨花天然卷曲、高低起伏的三维空间结构，并利用自然的材料进行搭建。结合环境及场地现状，设计师采用整体化布局，利用高低错落的曲面，营造出自然美感和空间层次感。

竹产品应用： 为了实现建筑的空间形态要求，结合工程竹材抗拉强和抗剪弱的特点，其结构设计采用了双层曲面网格的异形双曲面空间结构。柔和而蜿蜒的工程竹结构曲面在光线下呈现出富有层次的通透之美，极具现代感的设计完美地呈现出竹材的亦刚亦柔，简单而纯粹。

图片来源： 赣州森泰竹木有限公司。

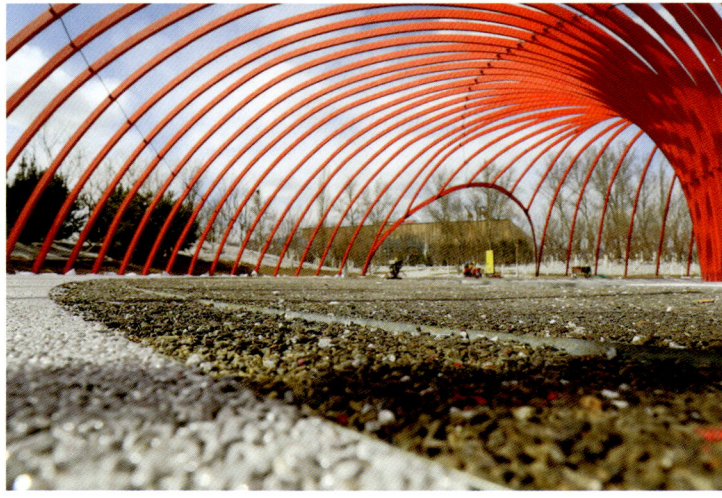

2019年中国北京世界园艺博览会北京市园林局百果园

地点： 中国北京

完成时间： 2019

设计单位： 北京景观园林设计有限公司

项目简介： 百果园位于2019年中国北京世界园艺博览会园区的西部，围绕园区五大展馆之一的万科植物馆而建，与相邻的植物馆、百蔬园、百草园、园艺小镇共同组成生活中的园艺展示区。百果园由一系列趣味的果林景观构成，其主要构筑物均采用重组竹进行工厂预制和现场搭建，包括苹果门、乐果展廊、浮芳园廊架、彩虹果吧、大小竹屋和葡萄架等。每个景观都十分有趣，比如入口主景"苹果门"是由一系列弧形竹廊架与水景共同组合，置于一个微地形环绕的开放空间里。弧形竹廊架轮廓形似斜插入地的半个苹果，果柄生长的凹陷处设置了一个圆形浅水池，近观池中倒影可以将竹廊架扩展成环形。

竹产品应用： 重组竹作为景观用结构材。

图片来源： 最上图"大小竹屋"摄影：刘可为；最下图"苹果门"摄影：王旭东；中间图"浮芳园廊架"由洪雅竹元科技有限公司提供。

China House Vision探索家——未来生活大展：庭院家

地点： 中国北京

完成时间： 2018

建筑师： 马岩松、党群、早野洋介等

项目简介： 由国际平面大师原研哉发起，GWC长城会主办，10组建筑师与企业合作打造理想中的"未来之家"。"庭园家"是MAD建筑事务所携手汉能集团对居住环境中人与自然情感关联的表达，是一组介于建筑与景观之间想象力开放的作品。从远处看，建筑的主体"屋顶"像是飘在半空中的云，这片"云"由二百多块汉能薄膜屋顶组件构成。每块板都能够随着太阳光调整倾斜角度，实现高效发电，每天生产的电能足够三口之家平均日常消耗电量。阳光同时透过透明薄膜，洒进空间之内。地面与"屋顶"之间的空档是家的内外空间。起居空间与景观相互交替，伴着流动的空气、温暖的阳光、吹拂的微风，人的情感在环境的变换中得到滋润。

竹产品应用： 重组竹作为景观用材。

图片来源： MAD建筑事务所，摄影：田方方、Zhao Chunhui（最上图）。

青奥文化体育公园

地点：中国江苏·南京

完成时间：2015

设计师：徐志伟

项目简介[6-2]： 青奥文化体育公园位于江苏省南京市建邺区，公园占地面积50万m²，总建筑面积约9.7万m²。

竹产品应用： 青奥文化体育公园的设计为了体现奥运会环保理念，全部采用高耐户外竹材，面积达30000m²，并免费向社会开放。

图片来源： 杭州大索科技有限公司。

港珠澳大桥景观岛

地点：中国广州·珠海

完成时间：2018

设计师：孟凡超

项目简介：港珠澳大桥跨越伶仃洋，东接香港，西接广东珠海和澳门，总长约55公里，是粤港澳三地首次合作共建的超大型跨海交通工程，也是世界最长的跨海大桥。

竹产品应用：港珠澳大桥景观岛铺设了大量的户外竹栈道，高湿度高盐分海水环境在户外腐蚀环境中被列为最恶劣的环境之一，所使用的高耐竹材达到耐腐1级。

图片来源：杭州大索科技有限公司。

雄安新区市民服务中心
地点： 中国河北·雄安
完成时间： 2018
设计师： 黄文龙
项目简介[6-3]**：** 雄安新市民
服务中心是河北省雄安新区
的行政机构，位于雄安新区
容城东部小白塔及马庄村界
内，总建筑面积9.96万㎡，
规划总用地24.24公顷，项
目总投资约8亿元。
竹产品应用： 户外地板铺
装、景观树围和休闲座椅。
图片来源： 湖南桃花江竹
材科技股份有限公司。

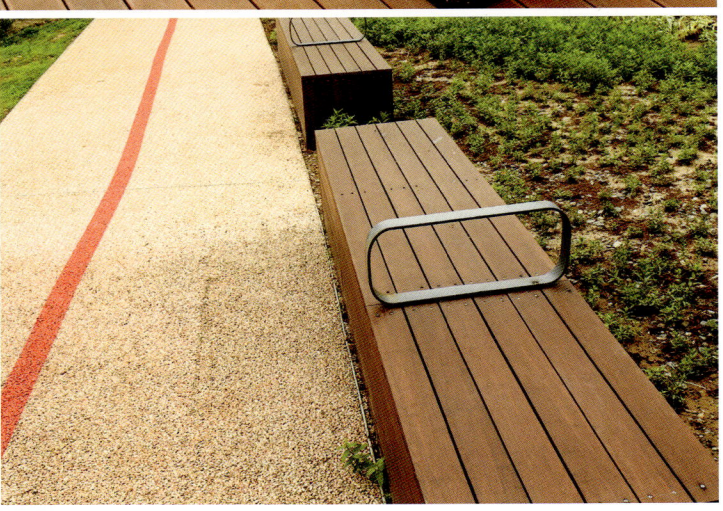

6.4 乡村建设

- 国际竹建筑双年展（2016）

国际竹建筑双年展作品：双螺旋石拱桥
（图片来源：千涛工作室）

国际竹建筑双年展

地点：中国浙江·龙泉

完成时间：2016

策展人及其设计作品：葛千涛：双螺旋石拱桥；George Kunihiro（美国）：传统青瓷作坊。

其他10位建筑师及其设计作品：

Wise Architecture（韩国）：餐厅；Anna Heringer（德国）：设计酒店和青年旅社；Kengo Kuma（日本）：当代青瓷艺术馆；Mauricio Cardenas Laverde（意大利）：低能耗生态竹屋；李晓东：创空间；Keisuke Maeda（日本）：陶艺家工作坊；Vo Trong Nghia（越南）：接待中心；Madhura Prematilleke（斯里兰卡）：公共陶艺工作坊（未建）；Simón Veléz（哥伦比亚）：精品酒店；杨旭（1967—2015）：艺术酒店·水间、艺术酒店·花间。

项目简介：首届国际竹建筑双年展于2013年在中国浙江省龙泉市宝溪乡拉开序幕，由中国艺术家葛千涛和美国建筑师George Kunihiro联合策展，邀请了国内外12位知名建筑师创建了16座风格迥异的竹建筑，完美地诠释了双年展的主题"场所精神·乡土建设"。2013年，国际竹建筑双年展邀约来自9个不同国家的12位建筑师齐聚龙泉市宝溪乡"在地"考察践行，提出了让掌握"低技术"的原住民对项目进行参建，以此唤醒乡村正在流失的文化记忆、生产工艺、生活方式，并以多元不同风格的建筑样式融入村落的文脉。尽管建筑师对"在地"文化持有不同的见解，建筑设计表达方式也大相径庭，但精神内涵却是一致的。他们"在地"盟约一个理想：中国文化，国际表达，以超越时空的理念，创新竹建筑的无限可能性。他们的作品都超越了各自对特定文化符号的经验。同时，和村民一起共筑具有精神性的、能产生交互的乡村新空间。2016年9月28日国际竹建筑双年展正式开幕，这个在世界上具有唯一性的、永不落幕的、独特的竹建筑双年展，如今已成为中国乡村最有魅力的艺术风景线。人们在感受竹建筑艺术创造力的同时，同样感受到自然建筑生命周期所带来的启示。双年展的"在地"法则正在中国形成一种效应，其影响力已成为"乡土建设"作为个案的文化选择。

竹产品应用：圆竹和工程竹材作为建筑用装饰材和结构材。

图片来源：千涛工作室。

艺术酒店·水间

艺术酒店·花间

艺术酒店·水间

艺术酒店·花间

国际竹建筑双年展项目地俯视图

设计酒店和青年旅社

创空间

设计酒店和青年旅社

创空间

低能耗生态竹屋

当代青瓷艺术馆

陶艺家工作坊

当代青瓷艺术馆

陶艺家工作坊

小石潭

传统青瓷作坊

餐厅

传统青瓷作坊

餐厅

精品酒店

接待中心

精品酒店

接待中心

6.5　交通设施

- 重庆渝北区兴隆镇杜家村一心桥
  （2018）
- 双一村竹结构停车场（2018）
- 湖南益阳竹公交站台（2018）
- 浙江台州仙居县县道X730公路安全
  生命防护工程（2017）

重庆渝北区兴隆镇杜家村一心桥

（图片来源：清华大学）

重庆渝北区兴隆镇杜家村一心桥

地点：中国重庆

完成时间：2018

设计师：邵长专

项目简介：一心桥项目是由香港中文大学及清华大学联合发起的科研型公益项目。重庆杜家村的留守老人和儿童长期蹚水过河，存在极大的安全隐患。设计团队从环境、经济和社会三方面进行充分考量，试图探索一条适合中国农村交通设施发展的可持续路径。一心桥跨度21m，桥面宽度3m，使用净宽2m，全桥使用700余根毛竹建造而成，其断面呈"合"字形，体现了中华传统文化"天人合一"的哲学思想。

竹产品应用：桥体结构材选用毛竹，从技术上解决了竹材易裂、耐久性差和结构跨度能力不足等核心问题。该项目研究的现代圆竹桥梁成套技术在小型农村交通设施和城市人行天桥方向具有较大的推广价值。

图片来源：清华大学。

双一村竹结构停车场
地点： 中国浙江·安吉
完成时间： 2018
设计师： 曾伟人
项目简介： 双一村位于中国著名的竹乡安吉县，是一个千年古村落。设计师参与了美丽乡村改造项目，旨在以竹乡文化特色为出发点，发展生态平衡的美丽乡村。通过巧妙设计的竹结构停车场适用于小型车辆的停放，成为美丽乡村建设中一道靓丽的风景线，为当地村民的生活提供了更多的便利。

竹产品应用： 竹结构停车场主构件采用直径10cm以上的圆竹，经多道工艺处理，具有良好的耐久性。节点采用金属连接件，构件可进行快速的安装和替换。在正常维护条件下，竹结构停车场的使用寿命可达30年以上。

图片来源： 浙江安吉江南竹子研究设计中心。

湖南益阳竹公交站台

地点：中国湖南·益阳

完成时间：2018

设计师：薛志成

项目简介：该项目属于湖南益阳美丽乡村建设项目中的一个。竹质公交站台的设计简洁、古朴，成为美丽乡村建设中的一道靓丽风景线。

竹产品应用：公交站台内部主体结构为钢结构，公交站台外部全部使用户外高炭防腐重组竹材进行装饰，重组竹格栅与重组竹墙板相结合。

图片来源：湖南桃花江竹材科技股份有限公司。

浙江台州仙居县县道X730 公路安全生命防护工程
地点：中国浙江·台州
完成时间：2017
设计单位：台州市交通设计院

项目介绍：位于浙江台州的县道X730是通往中国国家5A级风景区神仙居的旅游公路，沿途风光旖旎，山水宜人。以重组竹为主材制成的公路护栏线条简洁流畅，造型美观大方。竹制人工护栏不但自然地融入了周围景致，而且让整条旅游公路更添了几分田园趣味，成为连接城市和景区的美丽风景纽带。

竹产品应用：利用重组竹和钢杉经涂胶冷压成型的生物质竹钢作为县道公路防撞护栏主材，达到B级（二级）公路标准。因重组竹材本身具有良好的耐久性，生物质重组竹护栏的使用年限可满足《公路交通安全设施设计规范》JTG 081—2017所规定的15年设计标准。

图片来源：杭州房桥交通设施有限公司。

6.6 输水管道和城市综合管廊

- 竹缠绕复合管道（2017）
- 竹缠绕城市综合管廊（2018）

竹缠绕复合管道

（图片来源：浙江鑫宙竹基复合材料科技有限公司）

竹缠绕复合管道

地点：中国山东·临沂

时间：2017

项目简介：该竹缠绕复合管道是以竹子为基材，通过防腐、防水多层结构优化设计，经缠绕工艺复合制造而成的输水管道。其直径范围为0.6~2.2m，环刚度超过10000N，使用压力小于1.6MPa，使用温度小于110℃。竹缠绕复合管道具有重量轻、强度高、耐低温和潮湿等优良特性，可以广泛用于水利输送、农业灌溉、城市排水、电厂循环水等多个领域，具有广阔的市场前景。

图片来源：浙江鑫宙竹基复合材料科技有限公司。

竹缠绕城市综合管廊

地点：中国内蒙古·呼和浩特

时间：2018

项目简介：这是全世界首条生物基城市综合管廊项目，在内蒙古呼和浩特市元亨石墨产业园铺设成功。区别于世界各国普遍采用的钢筋混凝土城市综合管廊，该生物基城市综合管廊由竹缠绕复合材料制成。在材料性能上，该管廊的抗压强度与C30混凝土管廊强度等同，并满足城市综合管廊工程技术规范要求。管廊每段直径3m，每节长度12m，重量10t左右，相当于传统混凝土管廊重量的十分之一。施工时仅需两台25t的吊车，一天最快可安装120m，极大地降低了安装难度，缩短了施工周期。与传统管廊相比，其综合成本降低了10%~30%。同时，建设单位采用了健康监测系统，实时监测管廊的受力和变形状态。此外，在同等埋深和受压条件下，竹缠绕城市综合管廊的抗震、抗沉降能力，以及保温防冻性能均优于钢筋混凝土管廊，具有广阔的市场前景。

图片来源：浙江鑫宙竹基复合材料科技有限公司。

本章参考文献

［6-1］https://baike.baidu.com/item/公望美术馆/20398857（检索时间：2019年4月）

［6-2］https://baike.baidu.com/item/南京青奥文化体育公园/20133005?fr=aladdin（检索时间：2019年4月）

［6-3］https://baike.baidu.com/item/雄安市民服务中心/22378021?fr=aladdin（检索时间：2019年4月）

7

第7章
中国现代竹建筑产业面临的机遇和挑战

双溪书院

（图片来源：北京多向界建筑设计）

虽然在中国发展竹建筑产业具有显著的资源优势和文化基础，但是由于现代竹建筑的建造技术和建造理论体系还未完全建立，中国竹建筑产业的发展任重而道远。综合前几个章节的内容，本章将利用SWOT法针对中国竹建筑产业所面临的机遇和挑战进行总结和分析，如表7-1所示。所谓SWOT分析法，即基于内外部竞争环境和竞争条件下的态势分析，通过调查分析，将与研究对象密切相关的各种主要内部优势、劣势和外部的机会和威胁列举出来，并依照矩阵形式进行排列。然后利用系统分析的思想，把各种因素相互匹配起来加以分析，从中得出一系列相应的结论。运用这种方法，可以对研究对象所处的情景进行全面、系统、准确的研究，从而根据研究结果制定相应的发展战略、计划以及对策等。

SWOT法分析中国竹建筑产业所面临的机遇和挑战 表7-1

竞争优势（Strengths）	劣势 (Weaknesses)
（1）中国建筑用竹种资源丰富，种类多、面积大且分布广，适合在竹资源丰富地区发展竹建筑产业； （2）竹材是一种力学性能优良的结构材料，具有良好的抗震性能； （3）竹子生长速度快，3~5年即可成材；一经栽培，合理采伐可永续利用； （4）竹材加工性能良好，且中国竹材加工技术水平世界领先； （5）竹材天然形态独特，其工业化制品也保持了天然的纹理，容易受到建筑师的青睐； （6）竹材具有非木质品的属性，在全球可持续发展理念和森林面积匮乏的大背景下，是一种值得大范围推广的绿色建材； （7）中国拥有悠久的竹文化历史，具有推广竹建筑的基础条件	（1）仍需要大量的相关基础性研究工作； （2）竹建材的生产和加工属于劳动密集型产业，缺乏自动化和连续化的加工设备； （3）缺乏必要的工程类标准和规范体系； （4）由于工业化生产的规模有限，因此在价格上不具有明显的竞争优势； （5）竹材的耐久性能和防火性能仍制约其发展，有待深入研究； （6）研究成果和专利技术的产品化程度不够； （7）缺乏相关专业从业人员及其培养机制
机会（Opportunities）	威胁（Threats）
（1）自2010年以后，中国发布了"绿色建材""绿色建筑""装配式建筑"等相关政策，竹建筑在国家宏观政策的推动下具有一定的发展潜力； （2）目前，中国正在大力发展特色小镇，可以在竹资源丰富地区选择竹材作为建材，发展特色竹建筑村镇，以旅游来带动相关产业的发展； （3）国际竹藤组织总部设在中国，可以利用其优势地位，积极推广绿色竹建筑产品和产业	（1）中国劳动力成本上升，山区竹资源采伐困难； （2）目前，大多数公众对于竹建筑的认识仍然停留在传统竹房的印象，需要较长的时间来改变公众意识； （3）中国相关部门对于竹建筑的政策支持和推广力度还不够； （4）目前，中国几乎所有的竹产品的生产加工企业都属于中小型企业，且极大地依赖海外市场，抗风险能力弱

7.1 竞争优势

7.1.1 资源与材性优势

中国的竹林资源储量和种类均居世界第一，并且建筑用竹种资源丰富，种类多、面积大且分布广。根据2009—2013年全国森林资源清查数据，中国竹林的面积统计量为601万公顷，其中毛竹林面积占443万公顷，杂竹林面积占158万公顷。如果按照毛竹林及杂竹林面积增率分别为4.2%和4.02%来计算[7-1]，2019年的毛竹林面积约570万公顷，杂竹林面积约200万公顷。按照丰产竹林每亩每度产竹80根来计算的话，2019年的毛竹理论产量可达到34亿根，相当于1.16亿m³的木材体量，而杂竹的理论产量可达2500万m³的木材体量。也就是说，2019年的中国竹材理论总产量可达到大约1.4亿m³的木材体量，相当于23%的现有木材市场。据统计，近年来中国每年木材的市场缺口都在1亿m³以上，充分利用竹材可以很好地弥补市场缺口，减少木材的进口，具有相当大的发展潜力。此外，中国的建筑用竹材具有优良的物理力学性能，其密度适中，各项强度指标均普遍高于建筑用针叶材；且中国的建筑用竹材多为空心竹，沿纵向极易被剖分，具有良好的加工性能。同时，竹子的生长速度快，每年的生长量是树木的5~6倍，3~5年即可成材。所以，只要科学经营、合理采伐，竹子将是一种可以永续利用的绿色建筑材料，在可持续化建设中可部分替代水泥、钢筋和混凝土等高耗能材料。

7.1.2 产业与技术优势

中国竹产业整体发展和研究创新水平国际领先，是世界竹产业的主要技术创新源地和竹质产品的出口国。目前，中国已拥有相关竹子专利近8000件，约占世界的50%；拥有与竹相关的国家和行业标准100多项，占世界竹行业标准总量的80%以上。中国的竹产业加工技术和竹产品贸易享誉全球，形成了由竹子种苗扩繁、资源培育、加工利用、创新开发到国内外贸易的全产业链发展模式，已成功地开发了竹地板、竹家具、竹材人造板、竹工艺品、竹装饰品、竹浆造纸、竹纤维制品、竹生活品、竹炭和竹缠绕等十几个门类的100多个系列、近万种竹产品，广泛应用于建筑、装饰、家居和交通等10多个领域，出口日本、韩国、美国、欧洲等数十个国家和地区[7-2]。2017年，中国竹产业年总值达2346亿元，竹藤产品出口贸易额19.6亿美元，约占世界出口贸易额的69%。

在竹建筑材料和产品方面，除了天然的建筑用圆竹制品以外，中国目前已开发了一系列结构稳定且性能优良的新型工程竹材，如竹胶合板、竹集成材、竹篾层积材、重组竹、展平竹材、竹塑复合材料、竹束单板层积复合材、竹缠绕复合材料和竹质曲面异型模压材等。这些工程竹材经过设计和加工，被制成了可满足建筑工程所需的各种装饰用或结构用产品，被应用在各种工程项目中。随着各种创新加工技术的出现和竹建筑工程应用项目的增多，竹质复合材料和产品的种类会越来越丰富，具有良好的发展前景。

7.1.3 生态文化价值优势

从生态方面来看，竹子是一种天然可再生材料，竹林比其他树种的森林可吸收更多的二氧化碳，开发新型的竹建筑材料和产品符合绿色发展理念，具有显著的生态价值优势。与钢筋混凝土结构相比，竹子的加工和利用能耗更低。完成相同面积的建筑，使用竹子建造房屋的能耗是混凝土的1/8、木材的1/3、钢的1/50[7-3]。并且，竹子内部维管束—薄壁组织多级梯度的结构赋予了竹质产品良好的保温隔热性能，例如，竹材人造板导热系数为0.14~0.18W/（m·K），远低于钢筋混凝土和黏土砖[7-4]。因此，竹建筑在绿色节能方面具有独特的优势。

从文化方面来看，中国拥有悠久的竹文化历史。中国是最早开始使用竹建筑的国家，竹建筑自古以来就和人们的生活息息相关，在中国发展竹建筑具有根深蒂固的文化基础。但是，如何寻找到这种传统自然材料的当代表达方式，创造出属于当代竹建筑的特殊语境，需要更多建筑师和设计师的共同参与。

7.2 竞争劣势

7.2.1 基础研究不足

与钢结构和混凝土结构相比较，竹结构建筑在材料、构件和建造体系方面的基础研究还十分不足，中国尚未建立起相应的设计建造和质量验收标准体系。对于圆竹结构建筑而言，竹材的一维力学性能研究较多，但在复合受力下的力学性能测试方法尚未建立；并且有关圆竹分级方法的研究和圆竹结构节点连接设计的研究非常缺乏。对于工程竹结构建筑而言，目前大量的材性试验是基于无疵小试件，尚未通过足够的足尺试验来获得相应的特征值与设计值。工程竹材的试验方法多参考木结构标准开展，尚未建立竹材专用的测试方法体系。此外，不论是圆竹还是工程竹材，有关其长期性能、耐久性能和防火性能的研究都还处于起步阶段，尚需大量的科研投入。

7.2.2 自动化水平低、产品同质化严重

与木材工业化利用相比，中国竹材加工和利用的自动化、连续化和规模化程度不足[7-5]。首先，竹重组材和集成材的生产仍需要大量的人工，属于劳动密集型产业。并且竹单元加工、组坯和成型等工序加工方式单一，自动化程度较低。其次，相对木材产业来说，竹产业的科技基础薄弱，其机械装备相对落后，精密化、连续化和自动化的高效加工能力不足，导致产品附加值不高和市场竞争力不强。例如，由于缺少精密机床和加工工艺，大尺寸竹集成材的弯弓梁构件需要运到日本加工后再运回中国安装[7-6]，导致成本较高且效率较低。第三，竹加工企业多数都是中小型企业，创新研发投入较少，大部分的竹质产品同质化严重、应用领域窄，主要集中于平面层积的制造模式和地板等大宗产品领域[7-7]。竹材在建筑领域的开发和利用具有高附加值，但是尚处于起步阶段，还未形成规模化的生产和应用。在未来，开发适合竹建材生产和加工的大型机械装备，研究创新的竹建材产品是促进未来竹建筑产业发展的必经之路。

7.2.3 标准体系建设亟待加强

竹建筑的工程类标准和规范体系是保障竹建筑产业有序、健康和高质量发展的基础，也是规范竹建材和竹建筑加工、设计、施工和验收各环节的必要条件。当前，中国竹建筑相关的工程建设类标准与规范严重缺乏，几乎空白。但是，值得一提的是，目前中国正在编制的几个林业行业标准和团体标准（中国工程建设标准化协会标准）将会为未来中国竹建筑产业的发展提供必要的技术支持。同时，这些国内标准的编制专家也同时承担着INBAR TFC的专家工作，积极地参与ISO 165/WG 12有关竹结构国际标准的编制工作。目前，中国竹建筑工程类标准与规范的发展需要建筑行业更多同行的参与和支持。比如，近年来，中国建筑西南设计研究院（CSWADI）在中国竹建筑标准体系的建立和发展方面起到了十分积极的作用。CSWADI既是ISO 165在中国的技术对口单位，同时也是中国工程建设标准化协会（CECS）木材及复合材结构专业委员会团体标准的归口管理单位，更是中国木结构系列国家标准的主编单位之一。CSWADI一方面积极协助INBAR向中国国家标准委员会推荐ISO 165/WG 12的中国竹建筑专家，一方面领导着CECS竹建筑标准体系的建立和发展。2015

年，在中国开始着手标准体系改革后，CSWADI在参与有关竹建筑国际标准和团体标准的制定过程中，能更深入地了解整个中国竹建筑产业现状，为未来在现有木结构设计国家标准中加入竹结构的章节打下基础。

7.2.4 专业人员的能力建设缺乏

由于竹材属于生物质材料，竹建筑产业专业人员的培养主要涉及林业和建筑业。就整个产业链来说，涉及建筑用竹种资源的培育和管理、建筑用竹材的加工和利用，以及竹建筑的设计和施工等。目前，中国只有极少数的大专院校设立了竹建筑专业学科方向或者短期的竹建筑方向的选修课程。并且，长期从事有关竹建筑研究的相关科研院所和高校也相对较少。从整个行业来看，目前非常缺乏了解竹材的建筑师、结构工程师和景观建筑师。加强专业人员的培养，让青年学生在大学期间就能接触到竹材，思考这种传统材料的现代用法，提高对这种天然材料的认知是促进整个竹建筑产业良性发展的必要手段。

7.3 机会

7.3.1 国家政策支持

建筑业与钢铁工业、汽车工业并称为中国国民经济的三大支柱产业。近年来，中国高度重视建筑产业的健康发展，特别是绿色建材和绿色建筑的开发和应用，发布了多项鼓励性的政策和指导性的文件。这些政策和文件在大方向指明了未来建筑产业的发展需求，包括绿色、节能、装配和工业化等。不论是圆竹还是工程竹材，其材料的天然特性符合未来建筑业的需求，但是如何利用好国家的政策，在现有的主流建筑市场占有一席之地，还需要竹建筑行业同仁们的共同努力。

7.3.2 特色小镇和乡村振兴

值得一提的是，除了建筑产业本身的政策以外，目前中国正在大力地发展特色小镇和实施"乡村振兴战略"。抓住建设特色小镇、美丽乡村的历史机遇，在竹资源丰富地区选择竹材作为建材，发展特色竹建筑村镇，以旅游来带动相关产业的发展是一条值得探索的路径。第三章所介绍的浙江龙泉宝溪乡首届国际竹建筑双年展就是个极好的案例。从宝溪乡的案例可以看出，竹建筑在特色小镇和美丽乡村建设中可以将生态、文化、建筑、艺术和趣味性融为一体，具有广阔的市场前景。相关从业者可以结合创新的市场营销方式开展旅游和电商服务，打造拥有地域文化的创新联动竹产业链，例如特色竹笋宴（吃）、绿色竹建筑民宿（住）、竹自行车骑行（行）和竹编织工艺品制作（用）等项目，给消费者带来高性价比的全新竹产品和竹特色服务，实现竹产业、竹文化、竹旅游和竹子生态康养功能的多重有机融合。

因此，抓住特色小镇建设的历史机遇，通过竹产业链联动发展、全产业的优势互补与跨界融合，对于推动竹建筑产业结构优化升级和高质量发展具有重要意义。

7.3.3 国际竹藤组织助力发展

国际竹藤组织（International Bamboo and Rattan Organization, INBAR）是第一个总部设在中国的独立的政府间国际组织，也是唯一一家针对竹和藤这两种非木质林产品的国际发展机构，目前在全球已拥有40多个成员国。国际竹藤组织总部设在中国北京，可以利用其优势地位，积极推广绿色竹建筑产品和绿色竹建筑应用的理念。INBAR自1997年成立以来，竹藤产业进入了快速发展的新时期，逐步形成了从资源培育、加工利用、科技研发到国内外贸易的发展体系。2017年11月，中国国家主席习近平致信祝贺国际竹藤组织成立20周年时指出："国际竹藤组织成立20年来，为加快全球竹藤资源开发、促进竹藤产区脱贫减困、繁荣竹藤产品贸易、推动可持续发展发挥了积极作用。"习近平主席强调："中国将继续支持国际竹藤组织工作，愿同国际社会一道，积极落实2030年可持续发展议程，推动全球生态文明建设，推动构建人类命运共同体，共同建设更加美丽的世界。"此外，2018年中非合作论坛北京峰会上，习近平主席在开幕式主旨讲话中指出："中国政府愿同非洲国家密切配合，为非洲实施50个绿色发展和生态环保援助项目，包括建设中非竹子中心，帮助非洲开发竹藤产业。"因此，利用好INBAR这个国际平台的优势，可以极大地助力中国竹建筑产业的发展。一方面，可以学习拉美、亚洲等国家在圆竹建筑方面的设计和建造经验；另一方面，也可以通过国际竹藤组织的平台向全球的其他国家分享中国在工程竹材生产加工、工程竹建筑设计和建造方面的经验。

7.4 威胁

7.4.1 劳动力成本上升

随着经济的发展，国内劳动力成本逐渐增加。特别是竹材采伐、加工和处理的劳动成本上升过快，竹产业面临萎缩和转移的风险。由于竹子生长在有坡度的山区，机械采伐、规模化经营技术尚未成熟，目前竹子的采伐收割基本上采用人工操作。在竹材初加工阶段，竹子的截断、分片、烘干、运输、剖篾、疏解和编帘等工序基本上采用机械加人工的方式。在竹材人造板加工过程中的干燥、浸（涂）胶、铺装、热压、成型等步骤也都需要人工参与。整个竹加工生产过程中的劳动强度大、噪声和粉尘大、工作环境较差，很多年轻人都不愿意去一线参加生产，工人工资也在逐年增加。江、浙、闽等地区的竹加工企业普遍面临招工难的问题，需要从贵州和广西等欠发达地区进行招聘，竹材加工企业的经营成本也在逐年上升。因此，一方面可以提高竹材初加工阶段的机械化和自动化水平，减少工人的使用量；同时，发展装配式竹建筑，提升建筑用竹材的规格化、连续化甚至智能化加工能力；第三，改善工人的工作环境，使得一线工人的工作性质逐渐从以体力劳动为主向以知识型和技能型的脑力劳动转变，比如操控自动化生产线、数控机床和智能机器人等，是发展未来竹建筑产业的必要途径。

7.4.2 竹建筑的公众认知度不高

竹建筑在公众中的认知度不高。一方面，由于历史的原因，在国内大多数公众的印象中，竹材是一种廉价且品质低的材料，其耐久性差、物理力学性能无法满足永久建筑的需求。但事实上，经过加工处理后的现代竹建材和经过设计后的现代竹建筑完全能够满足现代建筑的基本要求。另一方面，由于缺乏相应的标准和规范，建造企业无法大规模地利用竹建材作为建筑的结构材，消费者在市场上几乎很难见到竹结构的建筑成品。由于市场规模小，竹建材尚未进行大规模的生产，目前价格高于其他的主流建筑，开发商在选择竹材作为建材的时候会受到消费市场价格的压力。这么一来，普通公众很难对竹建筑有直接的观感和体验。因此，加强宣传，扩大市场规模，提高公众的认知度才能积极地推广竹建筑和促进竹建筑产业的发展。

7.4.3 企业抗风险能力弱、一体化配合不足

目前，中国绝大多数竹产品生产加工企业都属于中小型企业。竹加工企业的技术力量、生产能力以及资金状况普遍较弱，且产品极大地依赖海外市场，抗风险能力弱。竹建材生产加工企业涉及竹子采伐、竹单元加工、竹板材制造、竹构件生产、竹建筑的深化设计和施工配合，以及建筑完工后的维护保养等环节。同时，竹建筑涉及材料制造、建筑设计和部品装配等工作，需要熟练的产业工人、高度专业化的技术人员，以及现代化的项目管理团队进行一体化的配合。目前的竹加工企业尚未形成完善的产业链，一体化程度不足，难以满足现代化的竹建筑产业发展需求。因此，完善产业链，加强技术人员的培养，同时建立同类企业之间的品牌联盟，可促进全行业的发展。

7.5 总结

综上所述，目前中国的竹建筑产业仍然面临很多挑战，但也存在很多机遇。鉴于竹建筑在消除贫困和改善民生、发展绿色经济、应对气候变化等方面发挥的独特作用，中国竹建筑产业的健康发展可以为深化南南合作、推进"一带一路"建设、落实2030可持续发展议程、建设清洁美丽世界做出独特的贡献。只有认清竹建筑本身的竞争优势和劣势，在国家宏观政策的推动下，创新竹材加工的技术与装备，培养专业人才队伍，完善上、下游产业链条，才能将中国的竹建筑产业发展和壮大。

本章参考文献

[7-1] 周芳纯. 竹林培育学 [M]. 北京: 中国林业出版社, 1998.

[7-2] 李延军, 许斌, 张齐生, 等. 我国竹材加工产业现状与对策分析 [J]. 林业工程学报, 2016, 1 (1): 2-7.

[7-3] 肖岩, 李佳. 现代竹结构的研究现状和展望 [J]. 工业建筑, 2015, 45 (4): 1-6.

[7-4] 陈国, 肖岩, 单波, 等. 现代竹结构住宅设计及工程应用 [J]. 工业建筑, 2011, 41 (04): 66-70, 74.

[7-5] 陈复明. 竹束单板层积材连续成板工艺及理论研究 [D]. 北京: 中国林业科学研究院, 2014.

[7-6] 任海青, 周海宾, 费本华, 等. 现代木结构住宅在中国的发展机遇和挑战 [J]. 木材

加工机械，2006，（1）：28-31.

[7-7] 王戈，江泽慧，陈复明，等. 我国大规格竹质工程材料加工现状与存在问题分析 [J].
林产工业，2014，41（1）：48-52.

竹景相随

（摄影：孙建华）

致谢

在本书的撰写和出版过程中，特别感谢作者所在单位领导和同事的支持才得以让本书顺利出版：国际竹藤组织总干事Ali Mchumo、副总干事陆文明教授、全球项目部主任Brian Cohen先生、公共宣传部主任吴君琦博士、东非地区办公室主任傅金和博士；上海市建筑科学研究院（集团）有限公司朱雷总裁和李向民副总裁；国际竹藤中心常务副主任、中国竹产业协会会长费本华研究员。

感谢以下高校、科研院所及其他机构相关人员在文章撰写和资料收集过程中所给予的大力支持（排名不分先后）：中国工程院院士、清华大学陈肇元教授，清华大学宋晔皓教授、杨军副教授和邵长专博士，国际竹藤中心绿色经济首席专家、中国竹产业协会副会长李智勇研究员，国际竹藤中心刘贤淼副研究员，中国林业科学院王正研究员、于文吉研究员、余养伦副研究员和高黎副研究员，南京林业大学王福升教授、黄东升教授和李海涛教授，浙江大学肖岩教授，湖南大学单波副教授，东南大学吕清芳副研究员，南京工业大学李智助理教授，宁波大学李玉顺教授，昆明理工大学柏文峰教授，贵州大学黄政华副教授，深圳大学仲德崑教授，香港中文大学Kristof Crolla教授，中央美术学院李亮副教授，香港工业总会竹业委员会谭天放主席，《世界建筑》采编中心主任项琳斐女士。

感谢以下建筑师事务所和设计师事务所相关人员在文章撰写过程中所提供的项目背景资料和图片（排名不分先后）：中国工程院院士、中国建筑设计研究院有限公司总建筑师崔愷先生，中国建筑设计研究院有限公司副总建筑师、第三建筑院院长曹晓昕先生，中国建筑设计研究院有限公司乡土中心主任郭海鞍博士，千涛工作室创始人葛千涛先生，SUP素朴建筑工作室孙菁芬主任、陈晓娟主任，北京建筑大学大师工作室主持建筑师王刚先生，dEEP Architects建筑师事务所主持建筑师李道德先生，直向建筑事务所创始人兼主持建筑师董功先生，山隐设计集团董事长兼总设计师郭明先生，萨米宁希诺宁建筑设计咨询（上海）有限公司中国分公司总经理赖林莉女士，以色列Amir Mann/Ami Shinar Architects & Planners Ltd事务所，誉都思建筑咨询（北京）有限公司王锐董事、策划经理杨雅倩女士，北京大地风景建筑设计有限公司设计总监徐晓东先生，九方公设建筑设计咨询有限公司设计总监刘赛文先生，同济大学建筑设计研究院（集团）有限公司副总裁兼总建筑师任力之先生、建筑一所所长董建宁先生，场域建筑主持建筑师梁井宇先生、事务所合伙人叶思宇先生，种地设计创始人兼设计总监朱泓博先生，INTEGER Intelligent & Green Ltd事务所董事兼总经理郝琳博士，都市实践主持建筑师孟岩和刘晓都先生、媒体出版部张云和陈文赟女士，北京戈建（Nicolas GODELET）建筑设计顾问有限责任公司创始人兼首席建筑师戈建（Nicolas Godelet）先生、建筑师房慧女士，goa大象设计合伙人王彦先生，MAD建筑事务所创始合伙人马岩松先生、公关经理谢小璋女士。

感谢以下竹建材生产加工企业在文章撰写和资料收集过程中所给予的大力支持（排名不分先后）：洪雅竹元科技有限公司王忠董事长、忻俊贤董事、李永敬董事和吴慧经理，浙江大庄实业集团有限公司林海董事长，杭州大索科技有限公司刘红征副总经理和唐刚义经理，赣州森泰竹木有限公司熊振华总经理和严梓雯女士，安吉竹境竹业科技有限公司蔡卫董事长、莫雨瑾主管，湖南桃花江竹材科技股份有限公司薛志成董事长，浙江鑫宙竹基复合材料科技有限公司叶柃董事长，浙江杭州房桥交通设施有限公司朱清华董事长和金鹏副总经理，福建和其昌竹业股份有限公司俞先禄董事长和郑忠福总经理，青岛国森机械有限公司穆国君董事长，以及江西松涛竹业有限公司方青松董事长和林庆华副总经理。

感谢以下人员为本书提供的图片：云南竹藤产业协会前秘书长黄文昆先生，Simón Veléz Architects事务所Simón Veléz先生，国际竹藤组织前任总干事Hans Friederich博士、拉美区域办公室主任Pablo Jacome先生、宣传部官员王旭东先生、活动官员臧大卫先生、全球政策官员Borja De La Peña Escardó先生，印度尼西亚Institut Teknologi Bandun大学Andry Widyowijatnoko先生，泰国Chiangmai Life Architects and Construction建筑事务所Markus Roselieb先生，重庆中竹文化有限公司靳永志先生，中国京冶工程技术有限公司项目经理李新宇先生，德中通行馆设计师Markus Heinsdorff先生。

最后，特别感谢国际竹藤组织总干事Ali Mchumo，瑞典皇家工程科学院院士、住房城乡建设部原总工程师许溶烈，中国城市科学研究会可持续土木工程研究专业委员会理事长、北京交通大学教授王元丰为本书作序。

图书在版编目（CIP）数据

中国现代竹建筑／刘可为等编著．—北京：中国建筑工业出版社，2019.5

ISBN 978-7-112-23650-3

Ⅰ．①中… Ⅱ．①刘… Ⅲ．①竹结构－建筑设计－中国－现代

Ⅳ．①TU366.1

中国版本图书馆CIP数据核字（2019）第075647号

本书在全球绿色建筑大发展的背景下，以中国现代竹建筑发展为主线，从竹资源和建筑用竹种分布情况，建筑用竹材种类及特点，不同形式竹建筑的发展历程和研究现状，竹建筑的标准体系和政策法规，相关国际组织、科研机构和生产加工企业，以及典型（商业）案例等六个方面入手，系统阐释中国现代竹建筑发展的总体情况；分析了中国竹建筑产业所面临的机遇和挑战，并对中国未来竹建筑行业的发展方向提出了建议。

本书精选50个典型案例，包含了当代国内外知名建筑师和设计师的最新作品，提供了大量精美图片，从建筑用装饰材、建筑用结构材、景观、乡村建设、交通设施、输水管道和城市综合管廊六个类别全面展示了中国现代竹建筑/工程的特殊语境，诠释了竹材的功能属性、精神价值和文化内涵。

本书可供竹建筑/工程相关科研人员、设计人员和施工人员参考，也可供产业政策和标准规范的制定者、开发商，以及对竹建筑感兴趣的大众读者阅读使用。

责任编辑：李笑然　毕凤鸣
版式设计：锋尚设计
责任校对：李欣慰

中国现代竹建筑

刘可为　许清风　王　戈　陈复明　冷予冰　编著

*

中国建筑工业出版社出版、发行（北京海淀三里河路9号）

各地新华书店、建筑书店经销

北京锋尚制版有限公司制版

北京富诚彩色印刷有限公司印刷

*

开本：787×1092毫米　1/16　印张：11¾　字数：208千字

2019年5月第一版　2019年5月第一次印刷

定价：110.00元

ISBN 978－7－112－23650－3

（33950）